マンガ
『炭水化物が人類を滅ぼす』

最終ダイエット「糖質制限」が女性を救う!

おちゃずけ 著
夏井睦 監修

光文社

装丁　渡邊民人（TYPEFACE）
本文デザイン・DTP　森田祥子（TYPEFACE）

糖質制限体験実録マンガ

そんな時に出会ったのが
鈴木そ○子さんの『やせたい人は食べなさい』
やせたい人は食べなさい
脳のエネルギーはブドウ糖だけなんだ！
炭水化物をとらなかったから脳が働かなくって過食症になったのか！
そ○子式ダイエットは3食ごはんをしっかりととる高炭水化物ダイエット
朝
ごはん2杯
汁物・つけもの
昼
おにぎり
夜
ごはん2杯
油抜きしたおかず1品
汁物
とりあえず3食食べるようになったおかげで絶食⇔過食の繰り返しからは脱却
8年間の過食症との戦いは一応の終わりを迎え
体重は戻っちゃったけどね
以来、そ○子様は私のダイエットの教祖となった
銀座
そ○子ビル
そして以後ダイエットは私の中では完全に封印
結婚もして子どももできたし…
人生ダイエットより大切なことあるよね
ちなみに旦那は174cm/52kgの超細身
…でも…

ママ、ママ
結婚5周年記念に
洋服買ってあげるよ！
一人で行く
お金だけ
ちょうだい！
人と洋服を
買いに行くのが
嫌い
僕が選んで
あげたいの！
……
これなんか
どう？
お似合いに
なると
思いますよ
……
……
試着室
ダメ
入らない
……
太ってる人って
洋服選びも
不便なんだね
がーん
これが
結婚5年目の思い出
プンプン
やっぱり
人生一度は
サイズを気にせず
洋服を選んでみたい…

じゃあ運動しよう！痩せるのには運動が一番！
ママいっしょにやろうよ
いやだよそんなかっこうするの！
ロードバイクにはまりはじめる
いや待て…
確かに自転車に乗ってる人はみんなガリガリ
もともと痩せてるからあんな格好できるのではなく痩せたからできるのか？
スリ真似？
自転車乗りのブログをチェック
半年で20kg痩せた⁉
消費カロリーは1時間で500kcal！
長距離では3000kcal消費の時も
カツどん食べ放題‼
確かに自転車のエネルギー効率は半端なく悪い！
自転車ってちっともエコじゃないのよね～
こ、これはいけるかも！
今までの減量は食事制限だけだったから失敗したのかも！
よし！やるぞ‼
ロードバイク購入
今までで一番高いダイエット投資

かくして2人で走る走る
よし！多摩川上流まで往復50kmだぁ！
奥多摩80km!!!
房総半島100km!!!
富士山1周120km!!!!
…ぜんぜん痩せねぇじゃん
痩せたけど 2kg／1年
64kg
↓
62kg
運動だけでは痩せないことを思い知る…
やっぱりカロリー制限しかないのか…
半世紀近く生きて精神的に落ち着いたし
もう大丈夫だよね
ダイエット解禁
えーママそれだけ？死ぬよ～
運動も加えてのカロリー制限のため始めこそは順調に落ちたものの…
62kg→58kg
（4ヶ月）
あっという間に頭打ち…
やっぱり私の人生このぐらいが限界か…
死ぬまでに一度は※美容体重体験したかった

※美容体重……BMI20前後の体重。健康重視の理想体重（BMI22）より低い、見た目重視の体重のこと。

そんな時
ダイエット人生上
二つ目の衝撃的な
本と出会う
今月の
ベストセラー
売れてます
炭水化物が人類を滅ぼす
糖質制限からみた生命の科学
夏井 睦
バーン
しかし
そ○子(故人)先生を
教祖と仰ぐ
おちゃずけにとっては
『炭水化物が人類を
滅ぼす』…本なんて
禁書中の禁書
いやいや
実は本屋で
たびたび目には
とまっていた…
踏み絵をするようなもの…
でも…
そ○子先生だって
仏様に
なられた
わけだし…
?
一度くらい
タブーを犯しても
お許し下さるよね
そこに
書かれていた内容は
衝撃だった!!!
なにー!!
脳はブドウ糖だけを
エネルギーにして
いるのではない!?
炭水化物の
とりすぎによる
血糖値の
乱高下こそが
肥満の原因!?
肉を食べて
もいいの!?
KFCも!!!!
今まで、
全く知らなかったことや
そ○子先生の教義とは
真逆のことばかり
炭水

そして…
ドクン
はじめて罪悪感なしに食べたKFCの
うま
美《お》味《い》しかったこと!!
ママってフライドチキン嫌いじゃなかったの?
そう、今まで食べたら太るという罪悪感から
スキさ大好きさ鶏さん牛さん豚さん
ママは動物が大好きなのさ
自分は嫌いだと暗示をかけていた食べ物がどれほどあったことか
とりあえず主食を抜いて肉を食べまくる1週間
うそぉー痩せてる
あんなに食べたのに!!
56.50
カロリー制限で何ヶ月も微動だにしなかった体重が2kg減

※ふすま粉のこと。小麦の表皮部分を粉にしたもので低糖質。

はじめに

中学生の頃からダイエットに明け暮れ、連戦連敗。
あげくに摂食障害になって、ダイエットは二度とするまい、口にも出すまい
……と固く誓って封印した私、おちゃずけが、
昨年の冬、夏《なつ》井《い》睦《まこと》先生の『炭水化物が人類を滅ぼす』で糖質制限を知り、
人生最後のダイエットとして挑戦したら、
わずか1ヶ月でマイナス４kg。あっという間に初の美容体重まで手に入れました。

今までのあの長く苦しいダイエット人生はなんだったの!?

何よりも驚いたのは
全くストレスなく体重が落ちていくことと
それにも増して、体調がどんどんよくなっていくこと。
毎日、毎日、自分の細胞が生まれ変わっていくようなワクワク感。

一体、「糖質制限」って何？
どうして、こんなにダイエットに効果的で、体調までよくなるの？

その秘密を探るのが、この本の目的です。

特に、この本では、女性にターゲットを絞り、糖質制限の理論や奥の深さについて、夏井先生だけではなく、栄養学の先生、産婦人科の先生、そして先輩体験者……と、いろんな方々にお会いし、お話をうかがってきました。
その結果、糖質制限がいかに理にかなったダイエットか、またダイエット以外の心身の健康のためにもどれほど多くの効果があり、可能性を秘めているかを知り、驚くことばかりでした！

糖質制限は、まさに
人生最後の「最終ダイエット」とするのにふさわしいダイエットです！

さぁ、あなたも、この本を手にとって、
自分史上最高のボディ＆パワフルな心を手に入れて下さい！

第１章
Dr.・夏井に聞いてみよう！

第２章
とにかくやってみよう！糖質制限実践方法

第3章 糖質制限と低血糖

第4章 糖質制限でダイエット神話を斬る！

第5章

妊娠と糖質制限

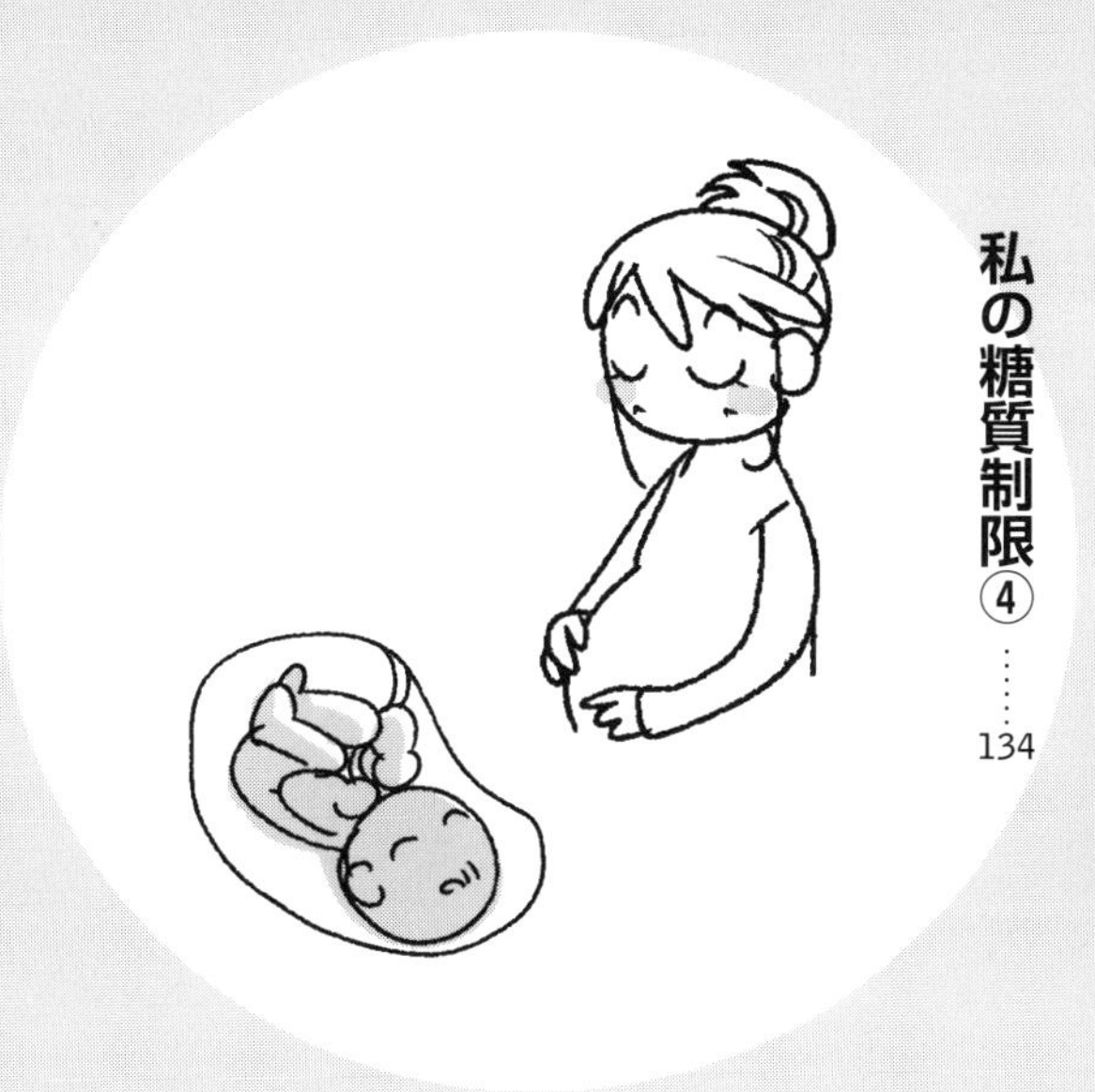

第6章

オーダーメイドの糖質制限

自己紹介

おちゃずけ
元ファンタジー系少女マンガ家
現在、1男、1女、1夫＋2匹のママ

主婦として、家族全員の糖質制限を目論《もくろ》む
……わけはなく

本人とワンコたちはスーパー糖質制限
長女（中学生）はプチ
長男（小学生）はおやつだけ糖質抜き
そして、パパは自己責任……
でゆるゆる挑戦中。

ナビゲーター・なつめさん登場！

糖質制限？お米を食べないダイエットだって⁉
あ！炊飯器に何をする？
ビ
反対！反対‼はんたーい!!!
日本人なら米食うでしょう！人間は穀物を食べるように進化してきたんだから！
きみはやんなくっていいよ
それは違うらしいよ！
今ベストセラーになっている夏井先生の『炭水化物が人類を滅ぼす』によると…
人間が穀物を食べるようになったのはつい最近で、狩猟・採集の肉食時代の方がはるかに長いって！
炭水化物が人類を滅ぼ
いやいや
糖質制限は危ない
寝たきり続出
遅延アレルギー
糖質制限はまだ歴史が浅く、長く続けたらどんな害が出るかわからないって書いてあったぞ
また週刊誌の中吊りネタだな
ふふふ…君がそう言うと思って糖質制限の「生き証人」を連れて来たのだ！
？
なつめさんどうぞ！

はじめまして糖質制限歴12年棗《なつめ》と申します
12年!!
私はまだ「糖質制限」という言葉もメジャーでなかった頃「低GI※ダイエット」から始めました
当時身長164cm 体重60kg 3ヶ月で12kg減量
通販で注文した洋服が届く前にサイズダウンしてました
ひどかったアトピーもにきびもすっかり治りました
うらやましい
現在、スリーサイズは W58 B85 H86 体重48kg
ちなみにバーチャルアイドル『永瀬麗子』と同じでございます
健康診断では全て正常値内 毎回医者に驚かれております
ゲームのリッジレーサーね!
糖質制限は安全です 私が生き証人です
パチパチパチ

※GIとは、グリセミック・インデックスの略で、食後血糖値の上昇度を示す指標。食品に含まれる糖質の吸収の度合いを示す。

た、たしかにお嬢さんには糖質制限の効果はあるかもしれませんが…
うちのヨメには…どうかな?
なんてったってもう1/2世紀近く生きてますから
ワハハ…
マンガでは若作りしてますが…
あら、同年代?私1965年生まれですが…
ガーン
知らなかった
……
ツヤツヤ
ピカピカ
シワシワ
ボソボソ
こ…これが同い年…
真面目に糖質制限やるんだぞ
論より証拠
らじゃ!

無事
旦那の説得に
成功した
おちゃずけ
ところで
なつめさん
私、夏井先生の『炭水化物が人類を滅ぼす』を読んで
自己流で糖質制限を始めたから…
実は何もわかってなくて…
糖質制限はどうしてこんなに効果があるの？
さぁ？
実は私が始めた頃「糖質制限」は全然メジャーじゃなくって…
英文の雑誌特集を斜め読みしただけで始めたから私も理論的なことは何も知らなくって…
…それで12年…
まぁそれだけ簡単ってことね
こうなったら夏井先生に直接聞いてみましょう
え？
夏井先生？
この『炭水化物が人類を滅ぼす』の？

★★★ 第1章 ★★★

Dr.夏井に聞いてみよう！

そんな〜
ベストセラー本の
先生のところに
わたしのような
初版本も売れない
マンガ家がぁ…
ドキドキ
するぅ

ドクター夏井、登場

馬光が丘病院
傷の治療センター
先生はこちらです
どうぞ
こんちわー
看護師の上条《かみじょう》さん
夏井先生マンガ家のおちゃずけさんが来られました
何！
なんだ その炭水化物の塊《かたまり》のような名前
私にケンカでも売りに来たのか！
ひえ～
夏井
私だって自分の人生こんな展開になるとは思ってなかったんですよ～
じゃ名前を変えなさい
例えば…
森伊蔵《もりいぞう》
村尾《むらお》
伊佐美《いさみ》
綾紫《あやむらさき》…
先生それ焼酎の名前です

では
改めて
私が
夏井です
本物はこんなとってもおだやかな先生です
穏やかな先生です
おちゃずけ談
今日はどしました?
実は
せ…先生…
夏井
昨夜やけどしちゃったんですが湿潤《しつじゅん》療法で治りますかね?
どたっ
Dr.夏井は、傷の「湿潤療法」の先駆者でもあるのだ
先生この本について教えて下さい
『炭水化物が人類を滅ぼす』
はいはい最近そっちの取材ばかりです

では、まず おちゃずけさん なぜ太るか 知ってますか？
はーい
そりゃもちろん 食べ過ぎです！
夏井
油たっぷりのお肉とか… 生クリームいっぱいの ケーキとか…
消費するより たくさんの カロリーを とるから…
いえ それは 違います
肉や 脂肪では 太りません！
え？
夏井
人間を 太らせる 栄養素は ただ1つ！
炭水化物です
ええ？
で、でも 炭水化物は 脳や体の大切な エネルギーだから 最低限は必要で
1日に必要な栄養
主食
副菜
おかず
学校でも そう習ったよー
それよりも カロリーの高い お肉や油を 控えるのが ダイエットの 常識！

炭水化物とは
糖質＋食物繊維のこと
糖質を食べると
腸で分解されてブドウ糖に
なって血液に入り血糖値が
あがります
インスリン
ブドウ糖
必要以上のブドウ糖は
血管を傷つけ、
体に有害です
そこで
「インスリン」という
ホルモンが出て、
ブドウ糖を中性脂肪に変え
体の中に蓄えます
これが太る
原因です
炭水化物が
脂肪になる！
ひえ〜
知らなかった！
に、肉の脂肪や油が
体の脂肪になるんじゃ
ないんですね！
牛を食っても
牛には
ならんでしょう
逆に
糖質制限をして
糖質が入ってこないと
体は脂肪を分解して
エネルギーに変え
そのエネルギーで
たんぱく質から
ブドウ糖を
生み出すんです
ブドウ糖
たんぱく質を分解
エネルギー
脂肪
これを
※糖新生《とうしんせい》と
呼びます

※詳細は105ページに！

体の中でブドウ糖が作られる？
わざわざ外から糖質をとらなくっても体は必要なブドウ糖を自分で作ることができるんですね！
体はブドウ糖生産工場？
しかも、その原料は今まで蓄えに蓄えたにっくきこれ！
まだまだたっぷりあるわよー
じゃ先生！
ブドウ糖は脳の唯一のエネルギーだから糖質制限してると脳が働かないぞー
なんて批判は全然的外《まとはず》れなんですね！
その通り！
さらに糖質制限は減量ではつきものの空腹感との戦いがありません
え？
空腹は血糖値の上下によるもの
ここでお腹《なか》が空《す》いたと感じる
血糖値
時間
いただきまーす
お腹すいた～
血糖値の変動グラフ
糖質をとらなければ血糖値は上下に変動することもなくなり極端な空腹感はなくなるのです！

大好きな肉や脂肪も食べ放題で……
しかもお腹も空かず
健康的に痩せられる…
糖質制限ってやっぱり究極の減量法ですね！
そうです！さらに私は、この本で長年虐《しいた》げられてきた肉や脂肪の汚名をそそぎ…
炭水化物が人類を滅ぼす
神とまで崇《あが》められた炭水化物の正体を暴《あば》きたかったのです！
炭水化物が人類を滅ぼす
こけーっ
夏井
もー
皮までおいしく食べてね
パチパチパチ

※「豚の丸焼き」etc.の詳細は、おちゃずけのコミック『理系パパのトホホな子育て』（KADOKAWA／中経出版）を読んでね！

ダイエットだけじゃない!!

糖質制限のスゴイ効果

● 糖尿病の人の血糖値が改善する

はじめた
その日から
血糖値が
下がるとか…
まぁ
もともとは
糖尿病治療のため
取り入れましたから
江部康二先生

● 高血圧、高脂血症、血液検査の数値がよくなる

いったい
どーすれば
こんな健康体で
いられるんですか?
健康診断が
楽しみなの♪

● 二日酔いのムカつきがなくなる

うむ
今日もいけるか…

● 食後の眠気がなくなる

午後からの
会議対策に
バッチリ!
会議室
企画

● (朝の)目覚めがすっきり

さぁ
釣り
行くわよ!
レジャーの時の
早起きも楽勝
もう?

● ニキビなどの吹き出物が出なくなる

J.Cの
ニキビ対策
これで決まり!

● おなかが急激に空くことがなくなる

……遊びに集中できる
遊んでばっかり
お腹
空いた
あと
10匹

● 元気になる
バテにくくなる

行くぞ
富士山
待ってろよー

● 他にも……

生理痛、月経前症候群(PMS)が軽くなる

体のだるさ、うつ症状が改善する

更年期障害が軽くなる

などなど……

悪いのは、豚さんや、牛、鶏……もちろんあなたでもなく、炭水化物だった！

万年ダイエッターとして
食べることに常に罪悪感を抱いてきた私。

そんなに食べているつもりはないのに、
食べたいものをこんなに我慢しているのに
それでも、痩せないのは、やっぱり私の意志が弱いから？
そう思って自己否定とコンプレックスの毎日……。

でも、「糖質制限」と出会って、気がつきました。
悪いのは私ではなく、炭水化物だったのです。

今までのダイエットは
「真の敵＝太る原因を知らずして戦っていた」ようなもの！
本当に必要な必須栄養素である、たんぱく質や脂肪を敵に回し、
太る原因である炭水化物を神と崇《あが》めて必死に守っていた……わけです。

これじゃ、どんなに一生懸命がんばっても痩せるはずがなかった!!

糖質制限で本当の敵を知った私、
……そして、あなた！
今度こそ理想の体重を手に入れ、
一生太らない体を目指しましょう！

ほ・ほ・ほほほ・・・
炭水化物《かみさま》を守るのだ
ブン
ブン
やってられないわー
俺たち なんにも 悪くないブー

炭水化物はなぜ悪い？

ここで、もう一度おさらいしておきたいのが、
炭水化物でなぜ太るのか？　です。

炭水化物（糖質＋食物繊維）の中の糖質だけが
太るホルモンといわれるインスリンを発動させます。
マンガで説明したように
インスリンは血液中の余分な糖質を中性脂肪に変え、体に蓄えます。
これが太る原因なのです。

太るホルモン!!

そんなものがあったなんて!

ダイエットで勝敗を決めるのは、この
「太るホルモン＝インスリンをいかに眠らせておくか!」なのです。
つまり、
インスリンの唯一の起爆剤・糖質を控え、
インスリンにずっと眠っていてもらえば、
どんなにたくさん食べても、脂肪は蓄えられず、
むしろたまった脂肪がどんどん燃焼され
私たちは一生太らない（太れない）のです!

ね? ね?
なんだか、本当に痩せられそうな気がしてきたでしょう?
うなずいているあなた、も
まだまだ半信半疑のあなた! も
とりあえず、人体実験のつもりで
「糖質制限」を実行してみましょう!

私の糖質制限①
E・Iさん(64歳)
会社経営者
身長164㎝
体重49kg(←69kg)
私、若い頃から痩せておりましたの
ずっと50kg前後…
大学の時、1ヶ月のヨーロッパ滞在中に60kgになった時もすぐに戻りましたし…
でもここ数年で少しずつ増え始めて…
お気に入りのお洋服なのに…
69kg
ところが去年の1月…
脳梗塞で入院…
なんだか朝から変なんです…
すぐに病院に来て下さい!
亡き主人の主治医 望月先生
入院中望月先生がお見舞いに来て下さるたびに…
ごはんは食べなくていいんだよ
甘いものも控えてね
果物も…牛乳も…
?
はじめはどうして先生がこんなことおっしゃるのかわからなかったけど…
今、思えばゆるやかな糖質制限です
おかげで2ヶ月後の退院時には10kg減
担当医でなかったので遠慮されていた

※望月吉彦先生は現在、東京都品川区西五反田の「エミリオ森口クリニック」にて勤務されています。

糖質制限を始めた頃
栄養のとり方が
へただったせいで
毎朝明け方
足がつっていた
だだだだだ…
半分寝ぼけて
いるので
どうしていいか
わからない
?
FBの糖質制限の
グループで
教えてもらった
硫酸マグネシウムの
バスソルトと
マルチミネラルが
効果抜群!
硫酸マグネシウムの
バスソルト
ネットで買えるよ!
じゃんじゃん
入れちゃって
epsom salt
足のつりは
マグネシウム
不足が原因?
さらに
このバスソルト入りの
お風呂に入り始めた
長女が…
あれ?
最近ニキビ
よくなってん
じゃない?
やっぱり
そう思う?
以来、
娘のニキビ対策は
このバスソルトと
お昼の
糖質制限弁当で
バッチリです
洗顔専用に
なった
足のつりは
栄養バランスの
取れた糖質制限と
マルチミネラルで
改善されました
epsom sa

第2章

とにかくやってみよう！糖質制限実践方法

わーい今日もにくだぁ
ママが糖質制限を始めて一番喜んでいる1人と1匹

では、早速 夏井先生! 具体的な実践方法を 教えてくださーい!
「主食を抜く」
…以上、おしまい
夏井
え〜 それだけ!?
これだけ! 難しいことは 何にもない 次の食事からでも 始められる しかも効果抜群!
この単純、明快さこそ 糖質制限の 魅力です
夏井
いつか粗大ごみ化する減量マシーン
補助食品
プロテイン
DHA
難しい理論
食べない
ダイエット講座 5回6万円!!
私が なんの理論も わからず たった一人で 始めて…
12年間も この美しさを 維持 できたように ですよね
ぜんぜん いやみじゃ ないのが 不思議だ
まぁ もう少し 具体的に 言えば…

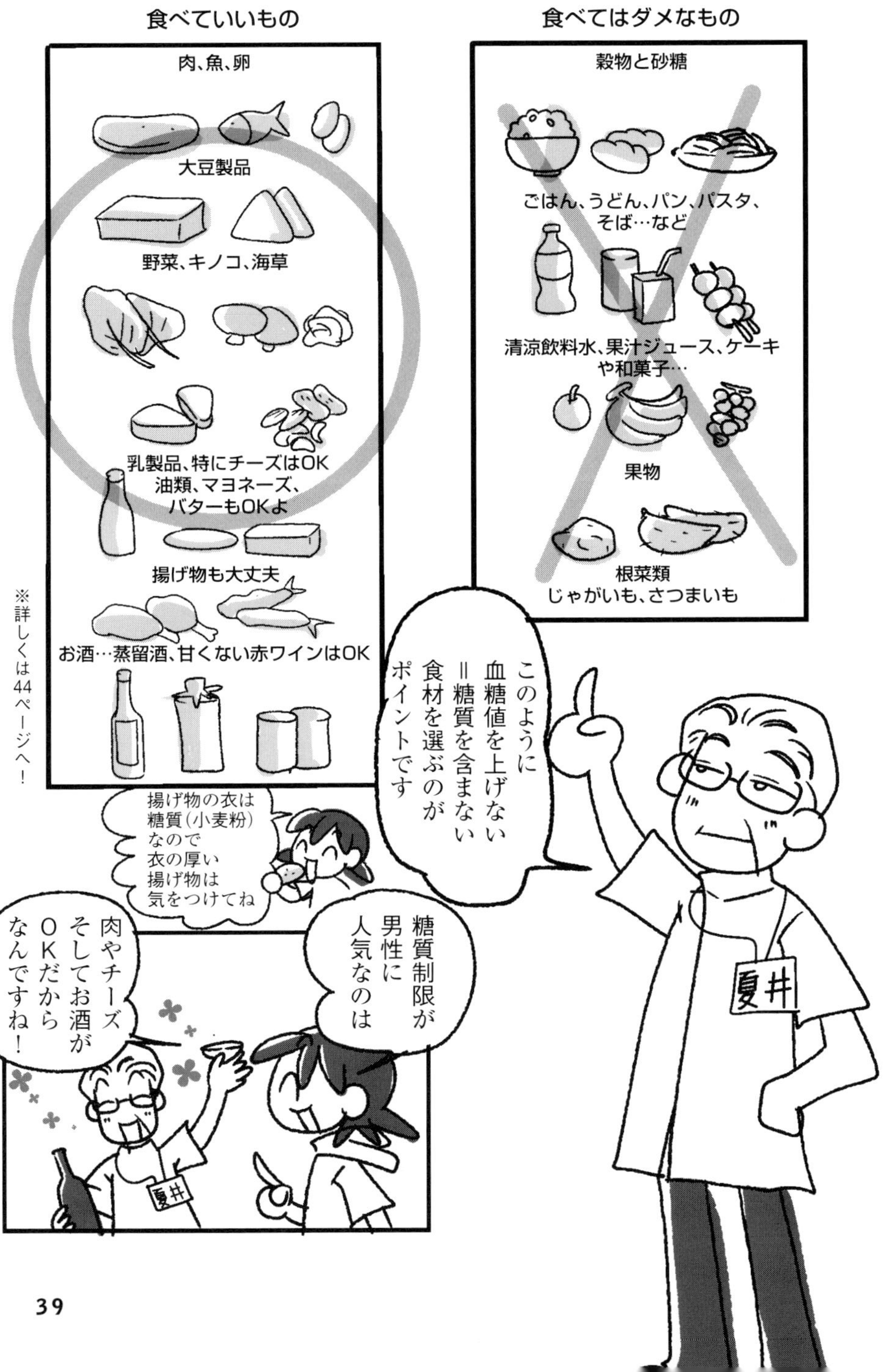
食べていいもの
肉、魚、卵
大豆製品
野菜、キノコ、海草
乳製品、特にチーズはOK
油類、マヨネーズ、
バターもOKよ
揚げ物も大丈夫
お酒…蒸留酒、甘くない赤ワインはOK
食べてはダメなもの
穀物と砂糖
ごはん、うどん、パン、パスタ、
そば…など
清涼飲料水、果汁ジュース、ケーキ
や和菓子…
果物
根菜類
じゃがいも、さつまいも
※詳しくは44ページへ！
このように血糖値を上げない＝糖質を含まない食材を選ぶのがポイントです
揚げ物の衣は糖質（小麦粉）なので衣の厚い揚げ物は気をつけてね
夏井
糖質制限が男性に人気なのは
肉やチーズそしてお酒がOKだからなんですね！
夏井

もともと糖質制限は私の師匠でもある
京都の高雄《たかお》病院江部康二《えべこうじ》先生が糖尿病の治療目的で広められたもので…
●プチ糖質制限…夕食のみ主食抜き、
●スタンダード糖質制限…朝食と夕食のみ主食抜き、
●スーパー糖質制限…3食とも主食抜き、
江部先生は糖質制限を3つのパターンに分けています
糖尿病でないダイエット目的ならプチだけで十分に効果が感じられます
ちなみにおちゃずけはいきなりスーパー糖質制限から始めました
すでにカロリー制限ダイエット実行中で食べる量を必死で減らしていたので…
食事量はむしろ増えて…

しかもカロリー制限ではゼッタイにＮＧな肉や揚げ物も全然ＯＫなんて！
パクパク
もしもこれが本当なら夢のようなダイエット法じゃん…！
それが…1週間でみるみるマイナス2kg
簡単に実行できてしかも目を見張る効果がある
だから糖質制限は本物なんです！
夏井
とりあえず今夜は主食を抜いてその分おかずを多めに食べてみて！
明日の朝が楽しみね！
湿潤療法と同じですね！
いいこと言うね～

糖質制限の3つの種類

ね！　糖質制限って簡単でしょ？
今回こそは成功しそうな気がしてきませんか？
私、おちゃずけも
ダメならやめればいいし、少しでも痩せればラッキー！
そんな軽い気持ちで始めて1週間。
結果はマイナス2kgで超ラッキー！

さぁあなたも**「案ずるより産むが易し」**で、**実行あるのみ。**
きっとワクワクの結果が待ってます。

ぼちぼち
やんなはれ～
考案は
京都高雄病院の
江部康二先生

では、実践方法のおさらいです。糖質制限の種類は左の3つ。それぞれのライフスタイルに合わせて無理なくチャレンジしてみよう！

● プチ糖質制限…夕食のみ主食を抜く
まずはお試し 十分に効果は 実感できます
OLさんや ワーキングウーマン向け
● スタンダード糖質制限…朝食と夕食のみ主食を抜く
● スーパー糖質制限…3食とも主食を抜く
結果を急ぐ 熟練ダイエッター向け おちゃずけはこれ
子育て中 無理はダメね
お昼はみんなと ランチを 楽しみたいもの
プチ
スタンダード
スーパー
カロリー制限に 比べれば 楽勝・楽勝

食べていいもの・ダメなもの

さて、もう少し細かく見ていきましょう。

NGな食品は、

「血糖値を上げる糖質を多く含むもの」

例えば……

＊お米、小麦（うどん、パン、パスタ、そば……）、トウモロコシ（スナック、シリアル）

＊砂糖（ケーキ、クッキー、和菓子……）

＊ジュース、炭酸飲料、缶コーヒー、スポーツドリンク

＊根菜類（芋類、人参、れんこんなど）、かぼちゃ

＊果物（果物の果糖は血糖値は上げませんが、中性脂肪に変化するので太ります！）
＊醸造酒（ビール、日本酒、紹興酒、マッコリ、甘いワイン）

一方、ＯＫな食品は、

＊肉・魚・卵
＊大豆製品（豆腐、納豆、厚揚げ、薄揚げ、おから……）
＊チーズ、バター、ラードなどの良質の油脂
＊果物はアボカド、ブルーベリーなどはＯＫ
＊ナッツ類（アーモンド、ピーナッツ、クルミはＯＫ。
くり、ジャイアントコーンはダメ）
＊お酒は蒸留酒（焼酎、ウイスキー）、
フルボディの赤ワイン、糖質オフビール、
糖質ゼロ缶酎ハイ

大好きなお砂糖がＮＧなのは辛いけど
血糖値を上げない人工甘味料
（ラカンカやパルスイート®）などを
上手に利用しましょう。

芋
くり
かぼちゃ
ニンニク……
加熱すると
ホクホクするものは
おおむね
糖質が多いね

そして、大切なのは、糖質を控えた分、
たんぱく質や脂質を十分にとること。
特に肉や魚、卵、そして動物性の油脂！

太りそうだってついつい控えてしまうと、ただの
カロリー制限ダイエットと同じ。
栄養不足でいつか体が爆発してしまいます。
（後の項目でも復習しますが、これほんと、大切！）

不要なものをなるべく控えて
本当に必要なものをしっかりとっていく。
体も心も大満足するから
糖質制限ダイエットは効果抜群で長続きするんですね！

※糖質制限のもっと詳しい方法や、血糖値を上げる食品について細かく知りたい方には、
江部康二先生の著作、
『主食をやめると健康になる』（ダイヤモンド社）、
『食品別糖質量ハンドブック』（洋泉社）
などをおすすめします。

むかし食べた
人工甘味料の味が
苦手で
ずっとさけてきたけど
久しぶりに食べてみると
ふつーに美味しかった！
人工甘味料も
日々進化してるんですね〜
でもやっぱり
炭酸飲料の
カロリーゼロ系は
苦手なので
自作してます
ポッカレモン
パルスイート
カロリー0
息子は、レモン果汁
＋パルスイート＋炭酸水
ママは濃い目に出した
ハイビスカスティーバージョン

まずは主食をやめてみよう！

で、結局どうすればいいのか？　って

難しいことは置いておいて
まずはいつもの食事から主食を抜いてみよう！

例えば、今夜のメニューが
ごはん、ゴーヤチャンプルー、から揚げ、スープ、サラダ
（おちゃずけ家2014年6月11日夜〔笑〕）……なら
そこからあなただけ、ごはんを抜けば、
家族みんなと同じメニューでOK！
そして、主食を抜いた分、ゴーヤチャンプルーを多く食べたり

今まで子どもたちに分けていた鶏のから揚げを奪い返したり（笑）。
ごはん抜きの食事なんて耐えられない！　と
思っていたのが
思い込みだったと気がつくはず。

糖質制限は、
食べる総量を少なくするカロリー制限と違って
人間が本当に必要な
たんぱく質や脂質をしっかりとる食事。
だから、体が満足し
底なしに感じていた食欲が
落ち着いてくると
多くの実践者が感じています。
とりあえず、今夜の夕食から
ごはんを抜いてみませんか？

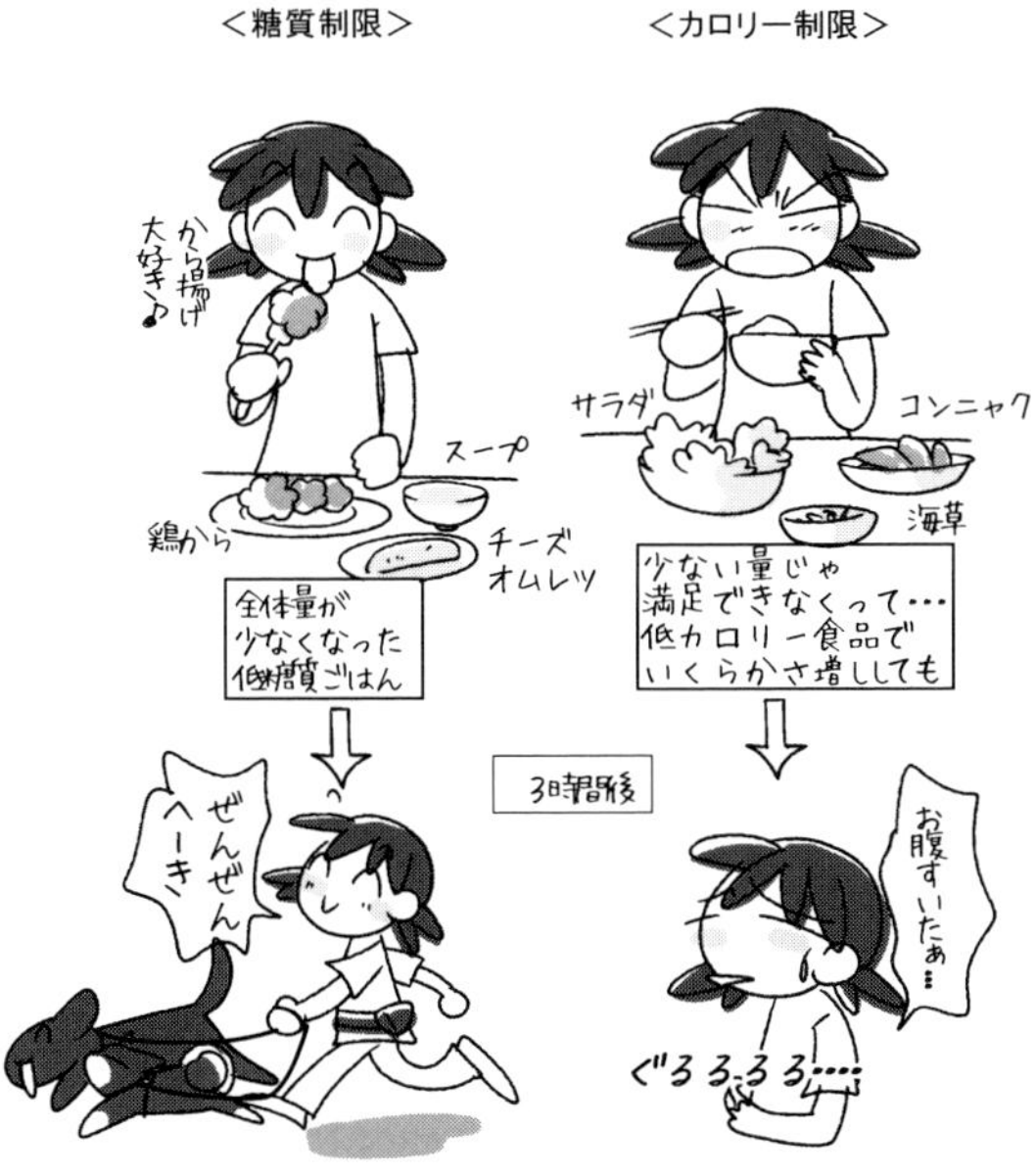
<カロリー制限>
サラダ
コンニャク
海草
少ない量じゃ
満足できなくって…
低カロリー食品で
いくらかさ増ししても
3時間後
お腹すいたぁ…
ぐるるるる……
<糖質制限>
から揚げ大好き♪
スープ
鶏から
チーズオムレツ
全体量が
少なくなった
低糖質ごはん
ぜんぜんへーき

でも、やっぱり主食抜きなんて考えられない！

そうは言っても、やっぱり長年親しんできた主食をやめられるわけない！　って？
わかります、わかります。おちゃずけもそうでした！
生まれて○十年、食べ続けてきた主食をいきなりやめろなんて
言われても、敷居高すぎ！……ですよね。

でも、安心して下さい。
糖質制限のすばらしさは、工夫次第でどんな料理でも食べられること……です。

例えばパンが大好きなあなた！
パンって小麦粉だけでなく、ふすま粉や大豆の粉のパンもあるって、知っていました？

（おちゃずけは知りませんでした）
これらの粉は、小麦よりはるかに低糖質。
もちろん味は、ちょっと違うけど、ふわふわで香ばしくって、結構美味しい！
これをいつものパンと換えるだけでも
体重にみるみる変化が！
パン大好きで、3食パンでもOKなおちゃずけも
低糖質パンのおかげでダイエットしていることを
忘れるほどでした。

他にも
ごはんの代わりに木綿豆腐を崩したチャーハンや
糖質0《ゼロ》のおから麺を使ったパスタなど……
作ってみれば想像以上に美味しいので
実験気分で楽しんでます。

また、インターネットやレシピ本もたくさん出ているので
みなさんもぜひ低糖質クッキングを楽しんで下さい！

大豆粉パン
粉の選択をまちがうと
焼いてる間中
カメムシのようなにおいが
するそうな・・・・
お気をつけて〜
HB

でも、やっぱり甘いスイーツも食べたいの～

わかります、わかります。おちゃずけもそうでした。
でも安心して。（以下同文（笑））

甘いスイーツの誘惑、手放せませんよね。
糖質制限では、お砂糖はダメでも、
血糖値を上げない甘味料はＯＫです。

一番のお勧めはエリスリトール。
こちらは甘みも自然で、お料理、ケーキと幅広く使えます。
ただお値段が高いのがちょっと残念。

そこで、**合成甘味料も添加されたパルスイート**なども上手に使い分けます。

さらに、**糖質制限ではバターや生クリームはOK**なので
前のページで紹介した大豆の粉やおからの粉で、
クッキーやケーキ、アイスクリームや
チーズケーキまで作れちゃう！
ね、ね、糖質制限ってすごいでしょ!?

手作り苦手さんも、
これらを使った市販のスイーツもあるので
上手に利用して、ストレスフリーの
ダイエットを実現しましょう！

うまい うまい うまいよ〜
そこまで美味しいかな〜
パパにはこの気持ちわかりません！
低糖質スイーツがふつーのスイーツより美味しく感じるのは「罪悪感なく食べられる」から…かもしれない

ランチ会だって、オフ会だってへっちゃら。どんどん参加しよう！

ダイエット中の最大の難関……と言えば、ランチ会や飲み会。
でも、ここでも、糖質制限はつよーい味方！
炭水化物さえ控えることができれば、外食もぜんぜんＯＫなのだ。

ただし、**ここで大切なのはお店のチョイス**。
まちがっても
炭水化物中心のお店……うどん屋さんや、お蕎麦《そば》屋さんなどを選ばないように。

お勧めは、ファミレス。
単品料理の注文がＯＫのことも多いから、

ハンバーグやチキンのグリル焼き、ステーキにサラダ＋飲み物で、立派な糖質制限メニューに。
カロリーを気にして、ヘルシーうどんやリゾットを注文しているお友だちより
断然満足！

また、もう少しリッチにいくなら
バイキング！
お肉や、お魚中心に野菜をチョイスすれば
まさに食べ放題で、ダイエット中だってこと
誰にも信じてもらえないはず。

おちゃずけは、こうして、お店のチョイスを
自由にしたいので
幹事役も買って出ます。
お友だちにも感謝されて、自分も満足！

さぁ、どんどん、お友だちをランチに誘い、
糖質制限ダイエットをますます
楽しみましょう！

糖質制限的には正しいけれど
中学校の親睦ランチ会的には
NGなお店

低糖質パン教室にチャレンジ！

※糖質制限をしている人、という意味の夏井睦氏による造語。

いけるじゃん！
まぁ小麦のパンには及ばないけど…
なるほど！このパンを主食に置き換えれば糖質制限なんて楽勝ってわけだ！
が
低糖質パンは高い
LAWSON
ならば自分で作るべし
おママがパン作りなんてめずらしいねぇ
フスマミックス
まずい！
おえ〜
小麦粉と違って低糖質なふすま粉は扱いがむずかしい

ちゃんと習ってみたら？
こんなん毎日食わされたらたまらん
でも低糖質パン教えてる教室ってあるのかな～？
あった
Atelier Libra
低糖質ダイエットパンを楽しむコース
とりあえず行ってみよ～
綱島
ドキドキする～
おちゃずけが見つけたのは横浜のパン教室「アトリエリブラ」
いらっしゃい
うひゃ～！
美人！オサレ
!!
主宰の高橋さんは元インテリアコーディネーター
低糖質ダイエットパンを楽しむコース
そのセンスと発想の豊かさを生かし独自のレシピを数多く開発
7つの天然酵母を楽しむコース
教室はどのコースも満員御礼状態
野菜とフルーツを楽しむ季節のパンコース

先生は糖質セイゲニストじゃないんですよね？
どうしてこのコースの開催を？
低糖質パンってお値段の割に味も形も残念なものが多いでしょ？
私はレシピをこの粉のメーカー鳥越製粉さんに相談して作りました
粉の性質を十分に理解しおいしく見た目も楽しいレシピをみなさんにお伝えしたかったのです
へえー
鳥越製粉オーツブランミックス
確かに高橋先生の考えるレシピは扱いの難しい低糖質粉にもかかわらず
うわーすごーいい！
かわいい！
（超初心者のおちゃずけでも）プロが作ったような魔法をかけてくれる！
ブラックオリーブとセロリのパン
低糖質あんぱん
しかも自宅で作っても…
おいしいじゃんママ！
おおお！
教室と同じように作れるレシピを考えてるんだって
さすがプロ！

なんだかママ楽しそうにやってるよね
えへへ！今までのダイエットってがまんばっかりだったけど…
糖質制限は工夫次第でいろいろなメニューが楽しめるからね！
バターや油がOKだから…かなっ
だから糖質制限では男性がいきなり料理に目覚めて
ブログで公開したりするんだよ
へえ
他にも糖質制限はオフ会や勉強会があっちこっちにあって
先輩の体験聞けたり質問できたりモチベーションが上がるんだよね！
夏井先生の「豚皮揚げを食べる会」
一人寂しく続けるダイエットはもう古い！
これからもどんどん参加して糖質制限を楽しんじゃおう！
ひっきー主婦返上じゃ

COLUMN 1

ネット時代のダイエット

おちゃずけは、自他共に認めるネット依存主婦。糖質制限の情報収集にも、ブログやFB（フェイスブック）、Twitterが大活躍。とくにFBには糖質制限関連のたくさんのグループがあります。ダイエットは１人でやるより、みんなで、ワイワイ盛り上がりながらやるのが楽しく長続きする秘訣です！

ぜひ、みなさんも、自分の居心地のいいグループを見つけて、加わってみてください。


参考までに、下はマンガでも取り上げさせていただいたパン教室、Atelier Libra（アトリエリブラ）とポークおじさんの豚皮揚げの紹介です。


Atelier Libra（アトリエリブラ）

マンガに出てくる低糖質パンの教室、Atelier Libra。

「小麦のパンにひけをとらない、低糖質でもおしゃれでおいしいパン」を……と、レシピを開発している高橋貴子先生のパン教室。

低糖質パン……自分で作ってみたけど思うようにできない！

っていう人、一度プロのアドバイスを受けてみては？

http://a-libra.com/

ポークおじさんの豚皮揚げ
オサレなパンよりは、Ｂ級グルメ！

……そんなあなたには、ポークおじさんの豚皮チップスはいかが？

糖質ゼロだから安心！　しかもコラーゲンたっぷり。

サクサクのスナック菓子のような食感で、お酒のおつまみにも、子どものおやつにもピッタリ！　夏井先生もイチ押しです！

http://www.runningman.info/

痩せる！健康になる！心も体も元気になる！
いいこと尽くしの糖質制限最大の欠点は
エンゲル係数が上がる！
おちゃずけも当初は面白くってずいぶんいろいろ買ってしまった…
糖質制限専用(?)の冷凍庫まで買った…
肉12kg
まぁ慣れてくると落ち着いてくるので…

その不調、糖質のせい？

こたろー 糖質オフ プリン作ったよ 食べてみて！
おいしぃね
牛乳じゃなくって豆乳だよ
糖質制限開始以来 低糖質スイーツやもどき料理作りにはまっていたおちゃずけ
豆腐チャーハンうめー
※白飯のかわりに豆腐を使ったもの
これさえあれば糖質制限なんて楽勝じゃん‼
が…
きゅるるるる…
糖質制限開始から数ヶ月を過ぎた頃
なんか…むしょうに甘いものが食べたい……
「甘いもの」への強烈な渇望感に悩まされる

確かゼロカロリー寒天が…
……
う～ん満足できない!!
食べても食べても満足できず…
糖質
甘いスイーツが気になって仕方なくなったり
……
Miss Donut
だめだめ！ドーナツなんて糖質＋脂質の最悪の組み合わせ！
でも…
いやいや…
もうだめ！今日は※チートデイだぁ
Miss Donut
待って！おちゃずけさん！
なつめさん？

※チートデイ…ダイエット中の爆発日。

※参考図書 『溺れる脳』M・クーハー著（東京化学同人）

だから まず
この糖質依存から
抜け出さないと
ダイエットの
継続も
減らした体重の
維持も難しく
なってしまうわ
ガ〜ン
いや〜
どうすれば
いいのぉ〜
その方法を
専門家の先生に
聞きに行きましょう！
えええ？
どこに？
栄養学の先生の
ところよ！
糖質制限を取り入れ、
女性の
いろいろな不調に
取り組んでいる
クリニックがあるの！
へ〜
楽しみ〜

★★★ 第3章 ★★★

糖質制限と低血糖

ようこそ
はじめまして
私はこちらのクリニックで糖質制限や栄養療法を指導しています
東京都内
某クリニックのA先生
素敵！
どこかの学校で「数年に1人出る才女」って感じだよね
先生！
甘いものがやめられないのは
私が根性ナシだからじゃないんですか？
おちゃずけさんに根性があるかないかは私にはわかりません
キッパリ
そりゃそうだ…

ただ…現在の炭水化物過多の食生活の中で多くの女性が
朝
昼
おやつ
夜
糖質依存からくる低血糖症に関わっているのは事実です
例えばケーキなどの糖質は血糖値を急激に上げます
でも、血糖値が上がりっぱなしは体によくありません
夏井先生のページでも勉強しました〜
そこでインシュリンが大量に放出され③今度は一挙に血糖値が下がります④
③インスリンの大量放出
②血糖値急上昇
④血糖値が急激に下がる
①食べる
⑤低血糖
だるい〜くらくらする〜
この血糖値が下がりすぎた状態⑤を低血糖といいます
また、血糖値の上昇中に脳内では報酬物質のドーパミン快楽物質のセロトニンなどの分泌が盛んになり
幸福感が生まれます
しあわせ〜
逆に下降時には血糖値を上げようとするホルモンの影響でイライラや焦燥感、集中力・思考力の低下が見られるのです
うう…食べたい〜イライラする〜
ドーナツ
これが糖質中毒ですね

さらに下がりすぎた血糖値に体が緊急事態と錯覚し
何が何でも糖質をとらせようとするのです
わたしの過食の原因はここですね！
だめだぁやめられなーい
この血糖値の急激な上下が頻繁に繰り返される食生活によって※コントロールが乱れ機能性低血糖症を起こすのです
機能性低血糖症
・イライラ
・不安
・焦燥感
・うつ症状……
なるほど低血糖症って糖質が足りなくってなるのかと思っていましたが
逆に糖質のとりすぎでインシュリンが出すぎることが原因だったのですね
じゃあ先生、私はどうすればいいんですか？
糖質制限続けられるでしょうか？
はい、むしろ糖質制限で血糖値を安定させ
体が本当に必要としている栄養素をしっかりとって下さい

※機能性＝病気や薬が原因ではないという意味。

体が本当に必要としている栄養素って？
たんぱく質、脂質そしてビタミンB群などのビタミン、鉄、亜鉛などのミネラルです
たんぱく質は特に動物性のものを
え？動物性と植物性でたんぱく質は違うんですか？
たんぱく質の主な働きは体を作ることですが
植物性たんぱく質はそのために利用されにくいのです
たんぱく質が使われるためにはその構成成分であるアミノ酸のバランスが大切
アミノ酸のそれぞれの量を桶の板にたとえると…
スレオニン
リジン
ロイシン
一番少ないところまでしか使われない
植物性は動物性よりアミノ酸バランスが悪い
100%
フェニールアラニン
ロイシン
リジン
メチオニン
スレオニン
動物性（卵）
少ない
フェニールアラニン
ロイシン
リジン
メチオニン
植物性（大豆）
ついつい脂肪が気になってお肉より豆腐や大豆がいいかなぁって思ってたんですが…
間違いだったのですね！
そう！その脂肪こそ大事なんです！

脂肪は
カロリー源としての
役割のほか
細胞膜やホルモンの
材料にもなります
◎中性脂肪
◎必須
◎コレステロール
ええ!
脂肪の役割は
カロリー源だけじゃ
ないんですか!?
いいえ!
脂肪の本当の役割は
細胞膜の合成と再生!
必須脂肪酸
コレステロール
とくにこの2つは
人間の60兆個の
細胞を支える
大切な栄養素なんです!
夏井先生も
言ってた。
脂質は悪者じゃ
ないって…
ははは
むしろ
本当に必要な
ものだったん
ですね
だから
脂肪とたんぱく質は
必須栄養素・・・
っていうんだ
そして最後に
たんぱく質や脂質を
材料に
体を作っていくために
ビタミン・ミネラルなどの
栄養素も忘れないで下さい
ビタミン
B群
鉄
亜鉛
カルシウム
マグネシウム
女性の方が
糖質制限の持続が
難しいと
言われるのも
カロリー神話に
とらわれて
低カロリーな
代替食品を
とってしまい…
かえって
必要な栄養が
不足してしまうから
なんですね
栄養学って
奥がふか―――い

代替食品を上手に使うのはよいことです
でも、今おちゃずけさんに大切なのはきちんと栄養をとり体を作り直していくこと…
そうすれば糖質依存から脱却しダイエットも継続していけます
先生ありがとう‼
進むべき道が見えてきました！
甘いものをやめられないのも今までダイエットが続かなかったのも
私が悪かったわけではないのね…
悪いのは糖質！
またやってる～
？
ごめん自分(ふたたび)

糖質制限と機能性低血糖症その1

糖質に麻薬と同じくらいの依存性があるなんて……
2分の1世紀近く生きてきて、今の今まで知りませんでした！
毎日1日3食＋おやつを2回（笑）食べていた私。
糖質中毒になるのは当たり前だったかも！

そこでもう一度、糖質依存についておさらいをしてみましょう。

ごはんやおやつなど炭水化物（糖質＋食物繊維）は
食べるとすぐに血糖値が上昇します。
この血糖値の上昇中に脳の中では、

「ハッピーホルモン」と呼ばれるセロトニンの分泌が
盛んになります。

おやつを食べた時の、あの何ともいえない幸福感、
ほっとした心地よさはセロトニンの影響だったのですね。

そして逆に血糖値が下降する時は
血糖値を上昇させようとするホルモン、
グルカゴン、ノルアドレナリン、
アドレナリン……などがたくさん分泌されます。

これらのホルモンは別名「戦闘ホルモン」と呼ばれ
人を興奮させ、緊張させ、戦闘モードに
させるホルモンなのです。

糖質制限前のおちゃずけが、
空腹の時（血糖値が下がった時）
イライラして怒りっぽくなって

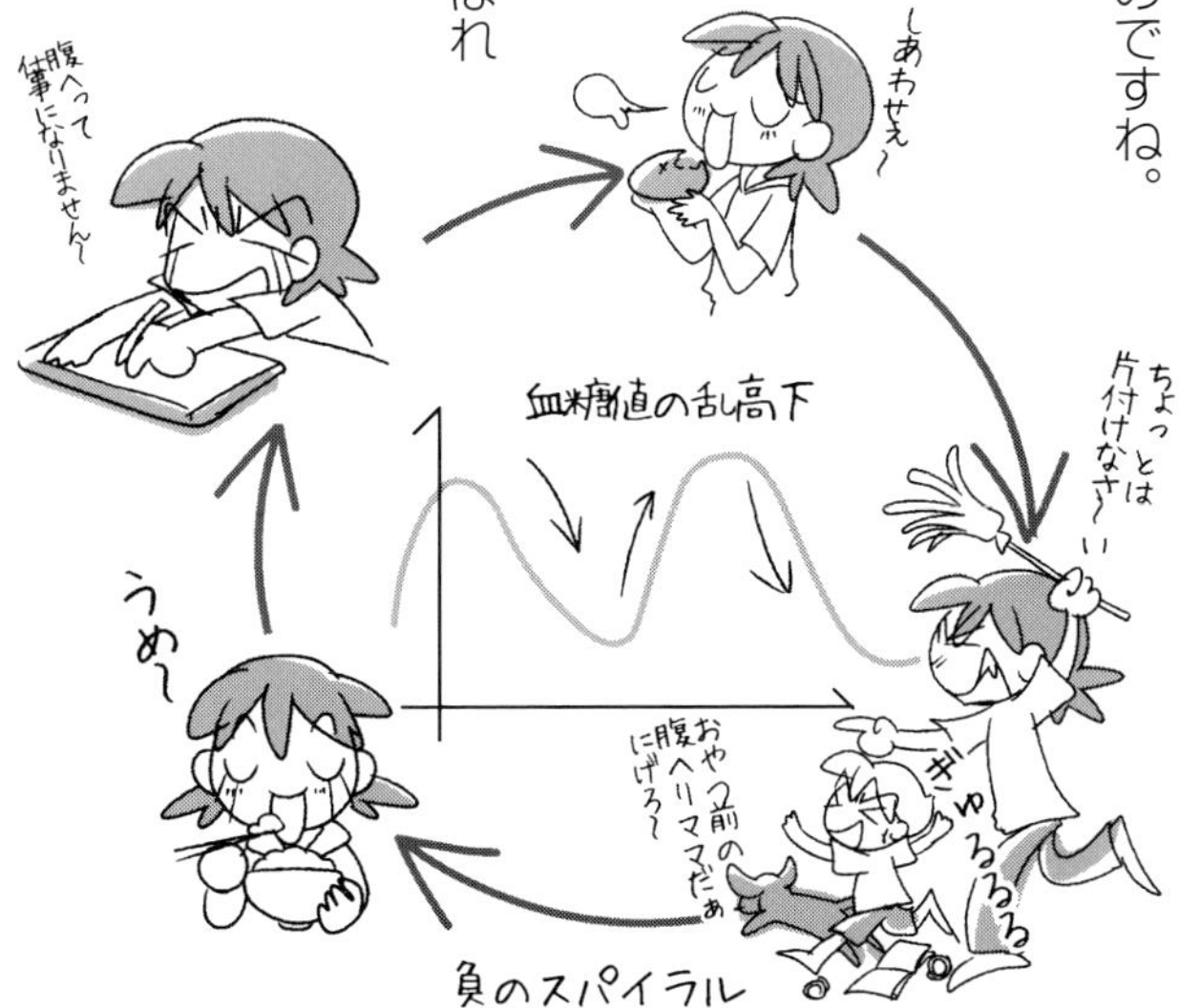

家族に当たってしまったりしたのは
ホルモンの影響だったのですね。
ごめんね！　みんな!!

そして、**現在の私たちは、この血糖値の急激な上昇と下降を繰り返し、**
「機能性低血糖症」を起こしやすくなっていると言われています。

マンガにもあったとおり、機能性とは
「病気や薬が原因ではない」低血糖症のこと。

その症例のあらわれ方は、
何となく疲れやすい・だるい・朝に弱い、
精神的にも落ち込みやすく、不安になる、
うつ症状、パニック障害、ＰＭＳ（月経前症候群）……などなど、実にたくさん。

原因不明の不調に悩むみなさん！
ひょっとして、みなさんのその不調の原因も
「機能性低血糖症」かもしれません！

でも、安心して！

糖質制限で血糖値を安定させて、

さらに、動物性の脂肪やたんぱく質・ビタミン・ミネラルを

きちんととっていけば

「機能性低血糖症」を改善していくことができるんだそうです！

おちゃずけが、A先生への取材を通して気がついたことは、

糖質制限でダイエットを成功させ、痩せた体を維持するためには、

この「糖質依存」から抜け出し、「機能性低血糖症」を改善していくこと。

この2つが重要なのでは……ということでした。

もし、糖質制限を実行して痩せない、停滞気味だ……と感じることがあったら

これらのことを、少し見直してみて下さい。

糖質制限と機能性低血糖症その2

では、具体的にどうすれば糖質依存から脱し、機能性低血糖の症状を改善できるのか？

A先生は、その鍵がたんぱく質であり、上手な脂肪の摂取にある、と教えてくれました。

ところで、たんぱく質が大切なのは、糖質制限を始めてすぐに、理解ができたけど
（ただし植物性ばかりだったので、反省）
でも……脂肪は、「やっぱり太りそうで怖い！」と、避けてきた、おちゃずけ。

そして、これが、おちゃずけが、「甘いものをお腹いっぱい食べたい！」
という糖質依存からいつまでも、抜け出せずにいた理由なんですね。

今回、取材して、特にはっきりとわかったことは
脂肪をきちんと摂取できるか否かがダイエット成功の鍵を握るということ。

なぜなら、**脂肪は「人間の60兆個の細胞のもととなるもの」で、**
さらに、体のあらゆる機能を調整する「ホルモンの材料」にもなるのですから！

女性が女性らしくあるための女性ホルモン。
男性らしさの男性ホルモン。
さらに炎症を抑えたり、免疫にも関わる副腎皮質ホルモン。
（ステロイド剤で有名なアレですよアレ）
それらの大切な材料になっているのです。

毎日毎日、生きている限り再生され続けている私たちの細胞。
その材料が足りなければ、生き生きとした健康的な体が作り出されるはずがありません。

ましてや、若い頃と違って、おちゃずけのような
更年期世代のダイエットは、もともと体に必要な栄養が足りてない分、

上手に外からとり入れてあげることが成功の鍵だったのです！

おちゃずけが何度ダイエットしても
失敗し続けていた最大の理由は

栄養学の知識も得ようとせず
体作りに大切なたんぱく質や脂肪の働きを無視して
カロリーだけをむやみに減らし
痩せようとしていたからなんですね！

糖質制限を本当に人生の最終ダイエットにするためにも
今日からはおちゃずけも
上手に脂肪をとっていこうと思います。

脂肪さん！
今まで悪者扱いして、ごめんね!!

ぶたさん
うしさん
脂肪さん
今まで
悪者扱いして
ごめんさい
これでやっと報われるわ～

COLUMN 2

コレステロールの話

栄養学のＡ先生のところで教えていただいたことで、
特に興味深かったのはコレステロールの話。
実はおちゃずけの周りで、最近「糖質制限を始めたら、
コレステロールの値が上がっちゃった！」って戸惑っている人が
ちらほら。
でも、これは実は大きな誤解でした。
そもそもコレステロールとは、人間の体の機能を発揮させるために
重要なもので、決して悪者ではないのだそうです。まずはここが大事。

さらに、いままで、カロリー制限や偏食で隠れ栄養不足だった体が
糖質制限によって、材料であるたんぱく質とビタミンＢ群を
たっぷりととれるようになって、やっと、体を作るために
大切な「コレステロールを合成できる体になってきた」
ということなんだそうです。驚き〜!!

また、糖質制限開始直後に急激にコレステロール値が上がっても、
２、３ヶ月もすれば、その人にとって理想的な値に落ち着いてくるし、
その値がもし基準値を超えていても、それがその人の体にとって
理想的な値なんですって！

私たちは、気がつかないうちに自分の体に倹約させ、
ムリをさせていたんですね〜。
これからは、糖質制限で、たっぷりと贅沢してもらって
プリップリの健康的な体を作っていきましょう！

先生のお話 本当に勉強になったでしょ！
…うん…
お話を聞きながらずっと考えてたんだけど
私がむかし過食症になったのも糖質依存や低血糖症のせいかな？
摂食障害の要因はいろいろあるから
それだけで解決できる問題ではないけど…
過激なダイエットが原因なら可能性あるかも…
うんうん おちゃずけもそれそれ！
では極端なカロリー制限ダイエットの末の過食症がいかに怖いか…
おちゃずけの場合をご紹介します
みんな参考にしてねー
おちゃずけの過食が始まったのは高校の頃…
勉強に落ちこぼれ代わりにダイエットにはまったのがきっかけ…
ためだけど明るく真面目な努力家でした〜
今の方がいいかげん

テストの点数と違って
努力すればするだけ数値となってあらわれる
体重…
やせたね
いーなぁ
痩せたことで他人に評価されるのもうれしくって…
食べる量をどんどん減らして
朝…スープ
昼…抜き
夜…スープ
ダイエットキャンディー
ごはんは？
おなかすいてないから
いらない
どんどん過激になり…
やがて爆発！
ケーキ丸々1つ
菓子パン数個
ポテトチップス
ハンバーガー…
食べても食べても…
胃がパンパンになるまで食べても
満たされることはありませんでした
…そして
太るのが怖くって
無理やり嘔吐や
大量の下剤…
大学に進学し
一人暮らしを始めて
さらに過食はひどくなって…
当時はまだ
拒食・過食症という言葉もメジャーではなく
誰にも相談できずまして
病院に行くことなど
考えも及ばなかった
カーペンターズの妹
カレンさんが拒食症で
亡くなったので少し
認知された
…古すぎ!?

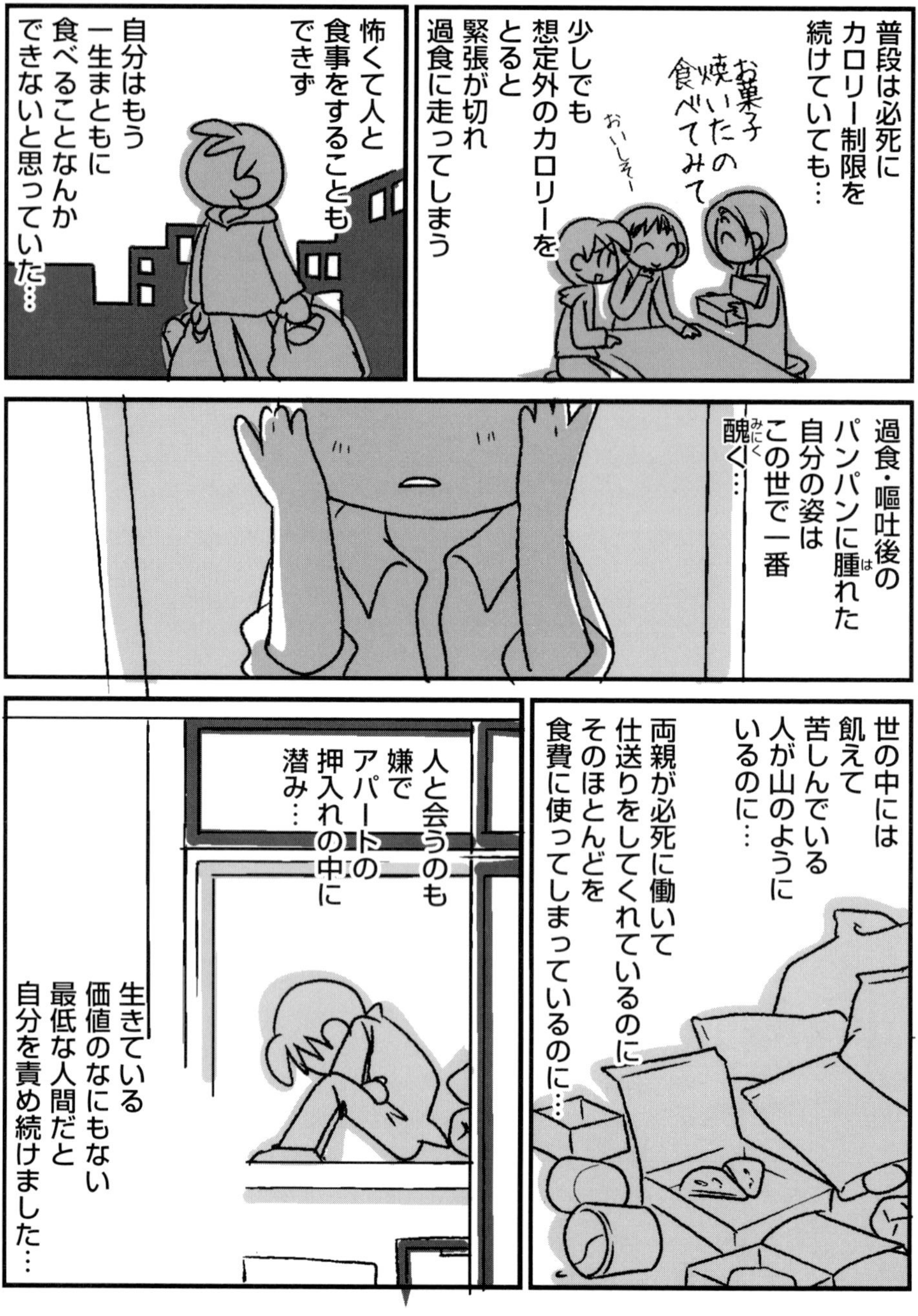
普段は必死に
カロリー制限を
続けていても…
お菓子焼いたの
食べてみて
おいしそー
少しでも
想定外のカロリーを
とると
緊張が切れ
過食に走ってしまう
怖くて人と
食事をすることも
できず
自分はもう
一生まともに
食べることなんか
できないと思っていた…
過食・嘔吐後の
パンパンに腫《は》れた
自分の姿は
この世で一番
醜《みにく》く…
世の中には
飢えて
苦しんでいる
人が山のように
いるのに…
両親が必死に働いて
仕送りをしてくれているのに
そのほとんどを
食費に使ってしまっているのに…
人と会うのも
嫌で
アパートの
押入れの中に
潜み…
生きている
価値のなにもない
最低な人間だと
自分を責め続けました…

で、どうやって克服したの？
時間薬
実に8年もかかったよー
人生で一番輝いている時代を過食症とコンプレックスの塊ですごしたのよね～
みんなもくれぐれも過激なダイエットはやめようね
あの時糖質制限に出会っていればもっと充実した青春を送れたかもと思って…
それは無理
え？
おちゃずけさんの高校生頃には日本に糖質制限はありません
30年以上前だもんね～
あ、そうか！
でも人生いつからでも再スタートできますわ！
今度こそ糖質制限で健康でスレンダーな体を手に入れて
ひと花もふた花も咲かせましょう！
素敵なおばさんめざしまーす

糖質制限と摂食障害

今でこそ、過食症だったことを、こんな公の場でも語れるようになったおちゃずけですが、当時は一生誰にも知られまいと、日記にも書けなかった黒歴史です。

私が過食症で苦しんだのは8年間。

もし、初めて出会った減量方法が糖質制限なら、あんなに辛い日々を過ごさずにすんだかもしれない……

実はこれが、この本を書きたいと思った一番のモチベーションです。

母となって、娘を持って、つくづく
全ての若い女の子たちに
間違ったダイエットで苦しんでほしくない、
ダイエットのために、死にたい……なんて思わないでほしい。
そう、強く願います。

でも、痩せたいという気持ちもとてもよく理解できます。
だからこそ、この糖質制限でストレスなく効果的に痩せて、
みなさんの、大切な時を、さらに輝かせてほしいのです。

さて、おちゃずけは、糖質制限で過食症を治したわけではありません。
そこで、次のマンガで、「拒食症」（摂食障害の1つ）を
糖質制限＋MEC※で克服したHちゃんを紹介します。

摂食障害の原因はさまざまで、全てが
食事療法だけで解決できるものではありません。
しかし、同じ悩みに苦しむ方に、少しでも参考になればと思います。

※MEC……沖縄の「こくらクリニック」院長の渡辺信幸先生が提唱する
「糖質を控え、肉・卵・チーズを中心によく噛《か》んで食べる」食事療法。

拒食症だったHさん

ある日
大好きなブログ「ローカーボ女子部」を読んでいると
え？
「友人のHちゃんが糖質制限を始めたのは摂食障害を克服するためでした…」
糖質制限・MECをはじめた それぞれのストーリー
……Hちゃん会ってみたい…
私は糖質制限で過食症を治したわけじゃないから
実際に克服された方に会ってみたい…
会ってもらえるかな？
失礼かな～
ドキドキ…
まずは「ローカーボ女子部」の執筆者りかさんに連絡
いいですよ～ わたしもいっしょに行きますね～
やった!!
そして某所で待ち合わせ
う～ ドキドキじゃ

私がりかです
こちらが友人のHちゃん
Hちゃんかわいい〜!!
うわ〜りかさんほそ〜!
Hちゃんはつやっつやの肌とすっきりと伸びた手足が健康そのものの20代の女の子
私は拒食症だったんです
拒食症…
拒食症は過食症とは逆に太ることを恐れて食べ物を受け付けなくなる摂食障害
糖質制限に出会うまでは…身長154cm 36kgしかなかったんです
ひえ〜
私のMax体重の半分だ〜
ダイエットのきっかけは?

小さい頃から太めだったけど…あまり気にしない活発な子でした
でも小学校でのいじめがきっかけで
自分に自信が持てず…容姿も気にするようになりました
それで中学校の時に初めてダイエットして
痩せられたんですが生理が止まって…
以来ずっと健康オタクになりました
どんな?
玄米菜食です
あと甘酒とかバナナとか…
また太り始めたのは高校の頃
学校の自販機の野菜ジュースを…!
野菜だから太らないよね
毎日飲んでいたら…
ある日
あらぁHちゃん太ったね～
が――ん
その日以来食べることが怖くなって…

当時の食生活は…
朝 バナナヨーグルト＋アーモンド
昼 卵焼き2切れ
夜 水
ひえええええぇ
みんな心配したでしょう…
気づかれないようにするのが大変で
大学受験中だったので朝からお弁当持って塾につめて…
母がせっかく作ってくれたお弁当…
いつも捨てちゃってた…
体重はどんどん減って生理も止まって…
お尻のお肉がないので座るのも辛く洋服はぶかぶか…
痩せているというより生命力が全くなくって
それでも体重が減っていると嬉しいし増えていると外に出るのも嫌…
自分がどれほど異常かには気づいていて…
誰かに助けてほしかった気がついてほしかった治して…ほしかった
でも…

そんな時
糖質制限と
出会いました
ボロボロだった肌が
みるみるきれいに
なって…
体調も
ビックリするぐらい
すっきりして！
小学生みたいな
ガリガリではなく
普通に細い人…
になっていきました
でも、
食べることは
勇気が
いったでしょう
はい
それに
…ショックで…
今まで体にいいと
思っていた
かぼちゃやバナナ
甘酒は全部NG
だったんですから！
でも、理論的に納得
できたんです
何より
体調の変化が
嬉しくって…
これなら大丈夫
低糖質のものを
少しずつ
食べていこう…って
そうして
さらに
MECに出会い
動物性たんぱく質や
脂質の大切さを知って
さらに女性らしい
美しさや健康に
気がつきました
日本人だからこそ
「ご飯」を食べるな

私は自分に自信がなかったから体重とか成績とかの数字でしか自分を評価できなかったんだと思います…
Hちゃんは今年留学するそうです
糖質制限とMECで取り戻せたのは体だけでなく心の健康
そして将来の夢！
糖質制限で全てが解決するとは思わないけれど
眩《まぶ》しいほど輝いているHちゃんの笑顔に――
改めて食べることとの大切さを感じました

私の糖質制限②
M・Mさん(36歳)
会社員
身長162㎝　体重54kg(←56kg)
私が糖質制限を始めたのは
体質改善が目的
風邪を引きやすい
冷え性
偏頭痛
貧血
逆流性胃炎
胃潰瘍…
ありとあらゆる不調と仲良しでした
365日、常に不調だった
ある日書店で見つけた藤田紘一郎さんの『50歳からは炭水化物をやめなさい』(大和書房)
ついでにその横にあった江部先生の本も
藤田紘一郎
江部康二
笑うカイチュウ
ついでですか?
書かれていた不調の例が全て自分に当てはまった
炭水化物の害
風邪を引きやすい
冷え性
偏頭痛
…
これだ!
(本は買わなかったけど(笑))
その昼より※スタンダード糖質制限
効果はテキメン!
1ヶ月で全てが改善
なんてさわやかな朝!
世の中みんなこんなにスッキリ生きているのね!!

※2食炭水化物を抜く糖質制限。

特に生理!!!
以前は痛みがひどくって薬を飲んでも出社できないほど……
スミマセン…
それが1回目の生理で
…なんか軽いぞ
2回目で
薬を飲めば出社できる〜
3回目では
薬とおさらばじゃ!
しかもすっきり終わって切れがいい!!
生理痛には薬より糖質制限です!
あまりにも嬉しくなって1ケ月後スーパー糖質制限に切り替え…
2kg減のオマケ付き!
たまにスイーツが欲しくなって食べちゃうと…
さっきのケーキ
食べると半日ぐらい胃腸が重い
虚弱体質のみなさんには糖質制限!ぜひお試しあれ!
人生で一番調子いいです!!

Hちゃんは現在
オーストラリアの空の下
元気にすごして
いるかなぁ〜

第４章

糖質制限でダイエット神話を斬る！

おちゃずけが
糖質制限を
はじめた時
今までの
ダイエットの王道
「低カロリー食」の
呪縛から
離れられず…
同じたんぱく質ならお肉よりカロリーの低いおからや豆腐よね
……でも おからって お腹が張るんだよね
おちゃずけくん
夏井先生
夏井
では、そのカロリー神話がどれほどいいかげんか考えてみましょう
まず牛は何からエネルギーを得ていますか？
はーい
葉っぱでーす
ぶぶー
牛は葉っぱの主成分セルロースを分解することはできません
夏井
ええ？
牛が葉っぱから得ているカロリーはほぼゼロです
なに〜？
じゃぁどうやってあの大きな体を維持してるんですか⁉
いっぱい葉っぱを食べなきゃいけないから一日中もしゃもしゃしてるのかと思ってた…

牛は４つの胃袋を持っています
この胃袋の中にはそれぞれ膨大な微生物がすみ
牛が食べたセルロースをこれらの微生物が分解してアミノ酸や脂肪酸を出し
牛はその栄養と微生物そのものの死骸を栄養として吸収しているのです
第１胃
セルロースを微生物が分解
一部は口に戻る（反すう）
セルロースがブドウ糖になる
第２、３胃
ブドウ糖をエサに微生物がアミノ酸や脂肪酸を作る
第４胃
唯一胃酸を出し
アミノ酸や脂肪酸、微生物そのものを分解し栄養を吸収
えええええ!!! すごい体内栄養工場!!
ちなみに牛を霜降りに太らせたい時はとうもろこしなどの穀物を与えます
決して肉や油を与えるのではありません
そ…そっか…

さらに極めつけは『食べること、やめました』(マキノ出版)の著者の森美智代さん……
森さんは1日丼1杯の青汁だけで13年間生活されています
約60kcal
ひえ～
本来人間もセルロースを分解することはできません
しかし彼女は長年の食生活の中でセルロース分解菌を体内にとり入れ
青汁1杯で十分に栄養を得られるようになったのでしょう
森 美智代さん
便利ですが……そのような特殊能力は結構です
生き物は複雑です
太る原因が摂取カロリー＜消費カロリーという単純な問題ではないのです
はいよくわかりました
原井

便の研究で有名な
辨《べん》野《の》義己先生が
森さんの便を研究して
弁じたことは……
まるで
牛のような
おなかなんです！
植物の繊維を分解して
アミノ酸を作り出す菌が
人間離れしていて
牛並みだった…とか
『食べること、やめました』森美智代著（マキノ出版）

摂取カロリー0《ゼロ》で生きる

マンガに出てきた森さんの青汁はわずか60キロカロリー。
それ1杯で生活されているなんて、まさに驚きですが、
上には上がいるもので、なんと摂取カロリー0で生きている方が
いらっしゃるんですよね〜。

海の中ですが……
それもかなり下のほうですが……

名前はチューブワーム。
深海数百メートルの、しかも熱〜い水が噴き出ているところに

群生しているチューブ状の生物です。
このチューブワームは
外部からの摂取カロリーは0で生きているといわれています。
なんたって口も消化管も肛門もないという潔《いさぎよ》さ！

いったいどうやって生きているのか？
夏井先生の『炭水化物が人類を滅ぼす』によると、
体内に共生している硫黄バクテリアが作り出す
栄養素を分けてもらっている……とか。
だからって口も肛門も捨てなくっても……。

自ら食べることをやめた
森さんやチューブワーム
（いっしょにするのはかなり失礼ですが……）

こんな潔い生き方は到底まねはできませんが、
生き物が生きていくのに必要なカロリーは
単純に数値で測れるものではないのですね〜。

体の中の
バクテリアに最適な環境を
提供するために
こーんな形に進化した
いやだよー
こんな形も
食べないのも！
チューブワーム

「ブドウ糖は脳の唯一のエネルギー」神話

人間が生きるために脳の活動は一瞬たりとも休めません
たまには休みたいよ～
その大切な脳のエネルギー源がブドウ糖だけなはずがないでしょう
まぁまぁ
まぁまぁ
ケトン体
ブドウ糖
また　脳の活動のためには100mg/dlと言う血糖値が常に必要ですが
この血糖値のための糖は食物由来のものではありません
ええ？
ごはんを食べてそれが即使われていないってことですか？
なんでまたそんなややこしいことを…
生命はそんなに単純なものではありません
さっきも言ったとおり脳は一瞬たりとも活動を停止できない
しかし食物は常に手に入るとは限らないでしょ
そこで人間はどんな飢餓状態でも生き残れるように蓄えた脂肪を分解するケトン代謝とブドウ糖以外の物質から糖を作り出す糖新生という
複雑なシステムでエネルギーを生み出しているのです
グルコース（ブドウ糖）↑アミノ酸 乳酸 ピルビン酸 …
肝臓
ケトン体 ↑ 脂肪酸
肝臓って本当に働きものだなぁ
糖新生…ブドウ糖以外の物質からブドウ糖が作られること。以前は生物が飢餓状態になった時の緊急措置として行われると言われていたが、これは誤りで、日常的な現象。

じゃあ、人間は必要なブドウ糖を自分の体内で作れるってことで
脳が働かなくなるっていうのは全くの間違い？
炭水化物0でも生きていける？
君もだいぶ解《わか》ってきたね
生命は生き残るために
有史以来の地球の過酷な変化を乗り越えながら
あらゆる工夫をし進化してきたのです
地球誕生
全球凍結
二度目の全球凍結
氷河期
人類誕生
生物って本当にすごいですね
それなのに…ちっぽけなことで死にたいなんて言ってた自分が情けない…
生命に感謝！
自分に感謝！
ごめんね自分
またまたやってる

動物の血糖値

	血糖値(mg/dl)
ヒト	100(平均値)
ハイイロオオカミ(肉食動物)	118(平均値)
ウマ(草食動物)	75～115
鳥類全般	200台後半～300台後半
ヘビ(ボア、パイソン)	30～40
カメ	15～90
トカゲ	100～130

『炭水化物が人類を滅ぼす』P234～P236より

ちなみに血糖値は生物によって違います
脊椎動物では血糖値と行動様式は関連しているようですね
ヒトの場合
活発な子どもでも…
100mg/dl
読書をしていても…
100mg/dl
運動中でも…
100mg/dl

肉食パンダ!?

『炭水化物が人類を滅ぼす』で紹介されている
生物の不思議……といえば、パンダ。

パンダって本来、肉食だったって知ってました?
その肉食パンダが、人間によってすみかを追われ
高緯度地域に逃げ込み、エサとなるほかの動物が
少ない中で仕方なくタケやササを食べ始めたとか……

元来肉食で、タケやササからエネルギーを得ることは
できないはずのパンダだけど、
それらを分解する菌を腸内に取り込むことに成功し、

肉食パンダから草食パンダへの変身を遂げたそうです。

さらに驚きなのが
これらの衝撃的な変化が、わずか1週間程度の
短期間で起こったであろう……ということ。

そりゃパンダにとって
生きるか死ぬかだけど……
生物の進化ってもっと何億年もかけて
行われるものじゃないの～？？

生物は生きていくために、こんなにも
柔軟に変化できるものなのか……。

パンダに比べれば、私たちが、長年の習慣である
主食をお米からお肉に替える（戻す）ことなんて
どーってことないんじゃない？　って
思えてきませんか？

パンダが肉食だったら
今みたいに
人気あったのかな？
肉食パンダ

おちゃずけが糖質制限を始めた頃…
反対！
反対
反対
ごはんを食べないなんてとんでもない！
日本人が昔から食べてきたものを食べるのが正しいんだ！
また、むかし『粗食のすすめ』の幕○先生にはまった時も
「人間はその土地でとれるものを食べるように進化してきた…だから日本人はお米を食べるべき」に大いに共感…
こどものオヤツはおにぎりで充分…
ふ〜ん！
粗○のすすめ
zzz
そんなものはでたらめです！
私たちは日本人である前に人間、そして人間は肉食なのです！
夏井先生！
消化器官の構造からして人間は
草食動物や草食霊長類のゴリラとは全く異なり
消化器官が長く複雑
短く単純
肉食動物のそれと類似しているのです！

現在
8000年前
700万年前
だいたい昔からの昔とはいつですか？
人類は誕生してからほぼずっと狩猟生活を続け穀物の栽培開始はわずか８０００年前
いろいろコスプレさせちゃってスイマセ〜ン
人の一生から見れば８０００年前は昔でも人類の歴史から見ればつい最近のできごとです
ましてや日本人の米食が庶民にまで広がったのは明治初期……
つい１５０年前です
庶民の食事
それまで、米は年貢（税金）として納めるものであり貨幣のかわりに流通するものであり
庶民が食べるものではありませんでした
粟やひえに割れた米粒
大根やかぶ
大豆の葉などを加えて
雑炊で食べていた
米はたまに祭りや神事に食べることができる最高の嗜好品《しこうひん》だったのです

江戸に住む町民が米飯を食べるようになったのは江戸時代の「明暦の大火」がきっかけだったと言われています
町の復興のため職人たちが長時間働けるよう幕府は米飯を配給しました
うわー白い飯だぁ!
いなかのかあちゃんにも食わせてやりたい!
しかし一方で米飯(炭水化物)は腹持ちが悪くすぐ腹が空く
そこでまた飯を食べるためには長時間労働が必要になる…
現にこの時代に江戸に住む町民は1日2食から3食になったと言われています
つまり食べるために働き働くために食べる…
炭水化物の奴隷のような生活の始まりです
夏井
一方で狩猟時代の労働時間は農耕時代よりもはるかに短かったと言われています
さらに肉食中心の生活では空腹感も少ない

実は いまより はるかに 豊かで のんびりした 生活だったかも しれません
炭水化物中心の 食事が人間を 食の奴隷へと 導いたのかぁ……
私も 糖質過多な時は 食べ終わったら 次のごはんについて 考えてたけど…
糖質制限は そんな食生活を 見直すよいチャンスに なるかもしれませんね！

赤ちゃんのオムツは狩猟採集生活のなごり？

赤ちゃんがオムツをするのは、
人間が狩猟採集で、移動して生活していた時のなごりだそうです。

どういうことかというと……
動物には定住する（巣を持つ）動物と、しない（巣を持たない）動物が存在します。

前者の代表が猫や犬。
後者がサルや馬、鹿。

で、人間は？

家を持つことが人生最大の夢……みたいな風潮もあるから、
定住する動物……と思ったら大違い。
本来は獲物を求めて移動する、巣を持たない動物なのです。
その証拠が、
赤ちゃんのオムツ。

赤ちゃんは基本、うんちおしっこ垂れ流しです。
これは巣を持たない動物である、サルや馬や鹿と同じ。

一方、巣を持つ生活である
犬や猫は、基本的に決められた場所に排泄します。

確かに、我が家のワンズのトイレトレーニングは
簡単でしたが、
子どもたちのトイレトレーニングは
数ヶ月から数年がかりの大騒ぎでしたわ〜
こんな意外なところに人間の本能が残っているんですね〜！

「ダイエットには運動」神話

あとは
このくそ忙しい
毎日の中で
どうすれば
20回続けられるか…
生活の中に
取り込むことだと
思いまーす
私はラジオの
基礎英語を
朝食を食べながら
2年続けてまーす
いいのか
悪いのか…
ママが毎日
やること…
といえば？
掃除！
掃除しながら
3本ローラー
パタパタ
無理無理
ガー
食事！
食事を
しながら
3本ローラー
パクパク
無理無理
ガー
うん○
しながら
却下
宿題の
監視！
ほら
そこ違う！
運輌じゃなーい！
うんてん
運輌す
運転の転は
車に二とム
危ないよママ
1回目

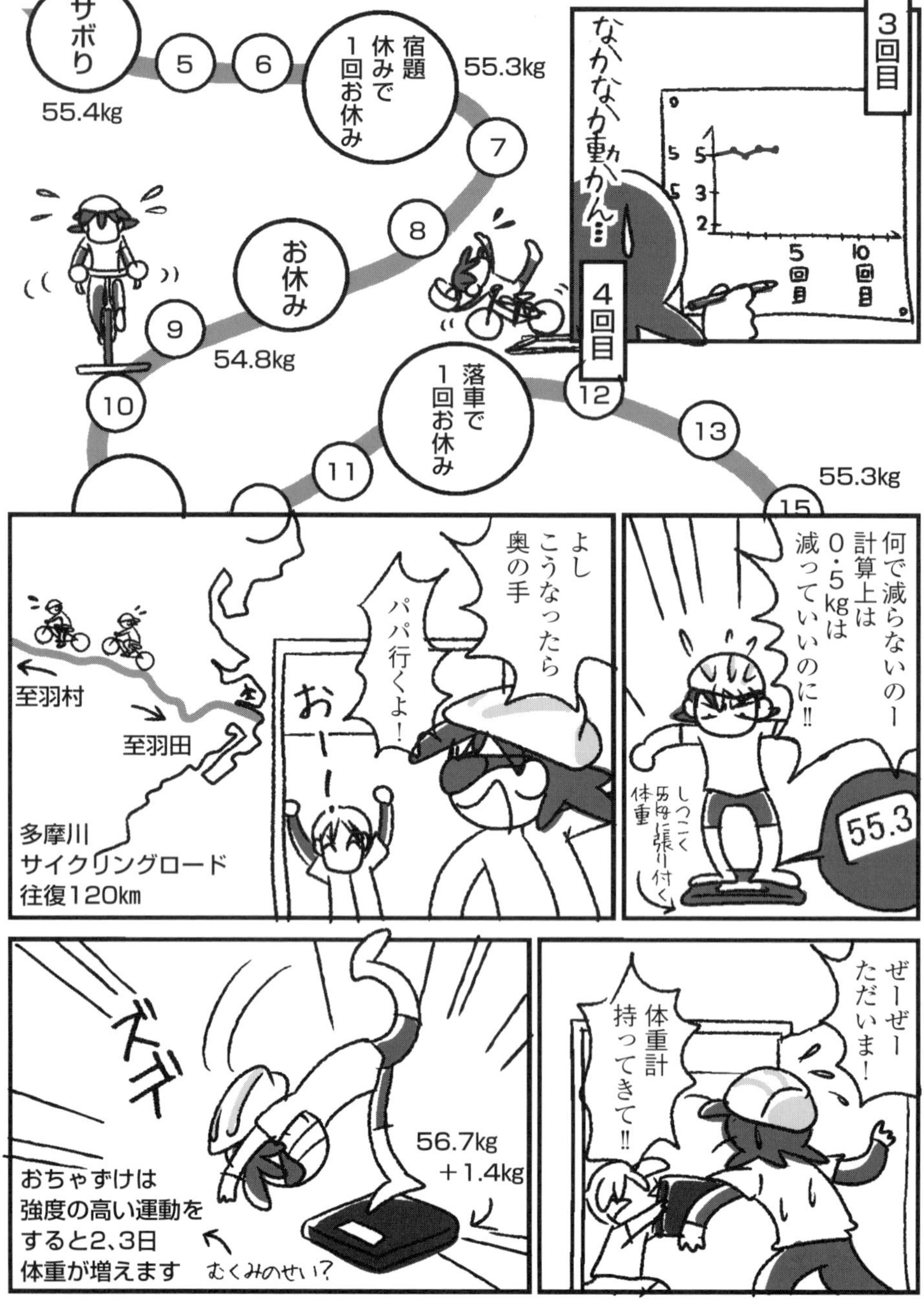
3回目
なかなか動かん…
5
3
2
5回目
10回目
4回目
サボり
55.4kg
5
6
宿題休みで1回お休み
55.3kg
7
8
お休み
9
54.8kg
10
落車で1回お休み
11
12
13
55.3kg
15
何で減らないのー
計算上は0・5kgは減っていいのに!!
しつこく5日間張り付く体重
55.3
よし
こうなったら奥の手
パパ行くよ!
おーー!
至羽村
至羽田
多摩川
サイクリングロード
往復120km
ぜーぜー
ただいま!
体重計持ってきて!!
ズゴ
56.7kg
＋1.4kg
おちゃずけは
強度の高い運動を
すると2、3日
体重が増えます
むくみのせい!?

だから運動での減量は非効率だと言ったでしょう
夏井先生～
夏井
体脂肪1kg減らすには9000kcalの消費が必要なんですつまり…
フルマラソン(42・195km)で消費カロリーは約2000kcal前後なので
9000÷2000＝4.5
実に4・5回分約200km!!
ひえ～
3kgの減量をしようと思ったら毎月200kmを3ヶ月！
名古屋←東京
素人がいきなりそんな運動を続けたら体を壊します
それよりも糖質制限で糖質をカットし
体脂肪を分解した方がずっと効率的で体に負担がないのです！
24時間寝ている間も痩せるんですから

運動は減量のためではなく
高尚な趣味として楽しむべきです
読書とか
美術鑑賞とかの!
確かに運動は減量にはむかなくっても健康や筋力アップ
何よりストレス解消にはサイコー
うおおおお
はじめてレースに参加した時
バカみたいに必死になってる自分が面白かった
おちゃずけも糖質制限で体重管理とタフな体を維持して
いつまでも自転車生活を楽しみたいなぁ!

「運動すると食欲が増すため運動で消費した分は相殺される」という研究が多いです
確かに…
100kmも走ると
3日間ぐらい
お腹が空いてる
ヒトはなぜ太るのか？
『ヒトはなぜ太るのか？』
ゲーリー・トーベス著
(メディカルトリビューン社)
減量と運動以外にも
面白い話がいっぱい！

私(たち)の糖質制限③
母　M・Kさん(77歳)
身長150㎝
体重55㎏(←63㎏)
娘　T・Kさん(48歳)
エステサロン経営者
身長158㎝　体重(ヒ・ミ・ツ！)
私が糖質制限を始めたのは食後の眠気
糖質が原因？
糖質制限？
江部先生のサイトでその原因を知りその後夏井先生のサイトへ
実行してみて眠気がなくなったことはもちろん！
さらに驚いたのはにきびの改善！
実は私はにきびに二十数年、悩まされ続けあらゆる方法を試してきました
・エステ
・皮膚科
・漢方
・化粧品
・レーザー
効果はイマイチ…
プロの私がお勧めします！にきびにはまず糖質制限！
高価な治療よりも
糖質抜き！

また ふだん 感じるのは…
玄米・菜食で がんばって いるの
粗食に 努めている お客様は
肌に張りがなく 乾燥しがち… 特に目の周りの老化が 目立ちます…
美しい肌のためにも たんぱく質と 脂質は大切です！
そして私は 娘に勧められ 始めました
膝が痛くって 立ったり座ったり するとき困難 だったのです
それが お米、そば、うどんを やめただけで… みるみる痩せてきて…
何をするのも 楽に なりました！
6ヶ月で −8kg
膝の痛みも 激減 さらに 10年前からの 高血圧も 平均値になりました
お肉や野菜は たっぷり 食べられるので 辛くないよね
お互い 糖質制限で
いつまでも 若々しく 活動的な親子で いたいよね

ドクター宗田に会いに行こう!

★★★ 第5章 ★★★

妊娠と糖質制限

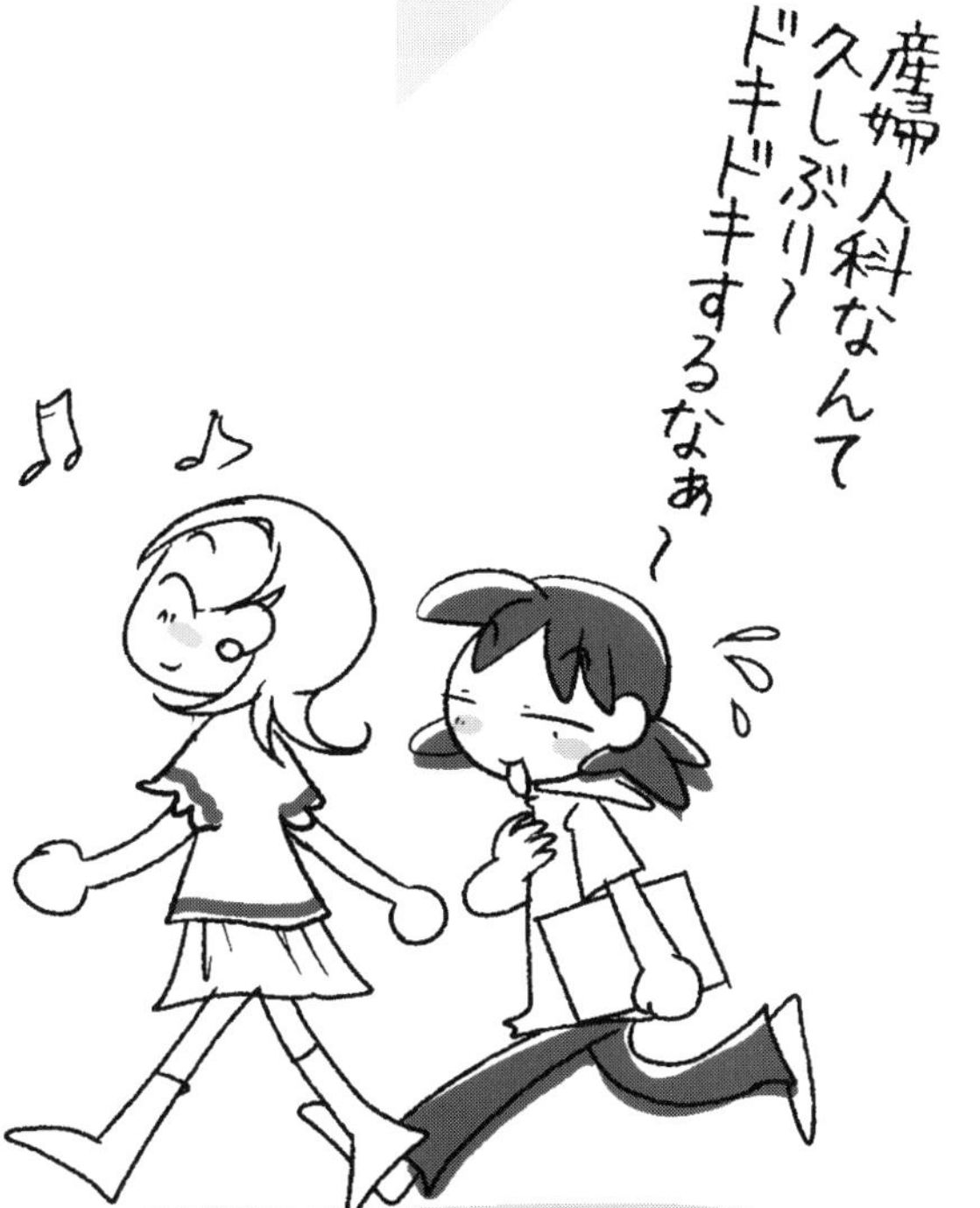
産婦人科なんて
久しぶり〜
ドキドキするなぁ〜

こんにちは！
診察室
産婦人科って なんだか ドキドキするね～
ようこそ 宗田マタニティ クリニックへ！
ドーン
わぁ でか！
…とこれが 糖質制限前の 私
ひょい
こっちが 今の私
わぁ！
すごーい 別人みたい
糖質制限で 3ヶ月で 16kg減です
私自身の この体験から 私のクリニックでは 妊婦さんの 体重管理に 糖質制限を勧めて います
ごはん、パスタ、ラーメン、スナック菓子、ケーキなどの炭水化物・糖質の摂取を控えて
肉、魚、野菜、チーズ、油脂はふつうにとってOK
ポテ

※妊娠高血圧症候群のこと。

資料提供・宗田哲男先生（千葉県市原市「宗田マタニティクリニック」）

※小児のてんかんを、脂質中心のケトン食で治療することもあります。
http://child-neuro-jp.org/visitor/qa2/a36.html
（日本小児神経学会のＨＰを参照下さい）

まぁ…このことが一般に認識されるにはまだまだ時間がかかるとは思いますが…
私のところでは糖尿病で子どもをあきらめろと言われ駆け込んだ妊婦さんが
無事出産しています
私は妊娠中の糖質制限の安全性を証明し
間違った治療に悲しんでいる妊婦さんたちを一人でも多く救いたいのです
がんばれ!宗田先生!!
ステキ…!

妊娠中の体重管理の救世主・糖質制限

妊娠中の体重管理、
おちゃずけはまさに地獄の日々でした！

もともとおデブのおちゃずけは
産婦人科の先生から、「これ以上増やしてはいけない」と厳重注意が。
赤ちゃんは大きくなるのに、体重増やすなって……
それって、実質痩せろってこと？？？
それでなくても、妊娠中は普段よりはるかにお腹が空くのに！

過体重は、妊婦には妊娠高血圧症候群、妊娠糖尿病の恐れ、さらに難産の危険。

赤ちゃんには巨大児（4000g以上）、合併症、
そして、将来は糖尿病になるリスクも負わせる……と脅《おど》されて、
（いえいえ、真実なんですけどね）
毎月の検診のたびにビクビク、検診帰りのスイーツだけが唯一の希望でした（泣）。
そんな苦しい妊娠生活も、糖質制限があれば楽勝だったのに～！

事実、宗田先生のクリニックで糖質制限の食事指導を受けている
妊婦さんたちは、**体重管理もバッチリで**
妊娠中毒症・妊娠糖尿病になるリスクも激減！
その上、赤ちゃんも適正体重でお産も楽々！……だそうです！
宗田先生いわく、
「妊娠したら、糖質制限！」

妊娠中のみなさん、その予定のあるみなさんも
これを知っただけでも
この本買った価値がある……よ、ね？　ね？
私もこんなことなら、もう1人産んでみたいです（笑）。

赤ちゃんはケトン体がお好き？

宗田先生の、爆弾発言、

「赤ちゃんはケトン体を主なエネルギーにしていた」

これは実は世紀の大発見、新説なんです！

実際、先生は妊娠中の赤ちゃんの血液や胎盤、「新生児」の血液を数多く分析、その結果、母体が糖質制限をしている、していないにかかわらず、**胎児はケトン体が極めて高い状態であることを確認**しました。

つまり、**「妊娠中に糖質制限をすると、母体が高ケトンになり赤ちゃんに危険」はまさに俗説。**

赤ちゃんはもともとケトン体を主なエネルギー源として成長している、むしろ、ケトン体が大好き！　なのです。

宗田先生は、その証拠の1つに、
妊娠中期から後期、胎児が急激に大きくなる時期に
妊婦さんの耐糖能（血糖値をコントロールする能力）が
ガクンと落ちる時期があり、それは胎児からの、
「ぼくたち（わたしたち）はケトン体が好きなんだ〜
炭水化物はやめてくれ〜」
とのメッセージなんだ、とおっしゃっていました。

ママのためにも、赤ちゃんのためにも
「妊娠したら、糖質制限」。
このことが妊娠のスタンダードとなる日が
1日も早く来るといいですね！

もっと肉たべて〜
あかちゃんがどんどん大きくなるからごはんをしっかり食べないと！

私の糖質制限④

S・Mさん（56歳）
看護師
身長155.5㎝
体重54㎏（←62㎏）
私が太り始めたのは4年前病気のためのステロイド投薬が原因
1ヶ月で＋10㎏
投薬終われば痩せますよ～
血糖値も上がりインスリンまで打つことに…
無事治療を終えても
更年期も近いしすぐに戻らないかもね～
ハハハ
ダイエットには運動とカロリー制限よ
管理栄養士の友人にアドバイスを求めても…
効果なし
そんな時勤務先の病院で夏井先生の湿潤療法を取り入れることになりサイトで勉強中
糖質制限？

私の糖質制限はプチ
（1日1食だけ炭水化物を抜く）
実は夫がカナダ人なので糖質制限を始めるときも
おお！ローカーボダイエット！カナダではスタンダードね！
サーモンのバター焼き バターたっぷり
お昼は病院の給食
関西なのでうどん＋炊き込みご飯（ダブル炭水化物）が多いのが辛い
どちらかを残します
はじめに体重よりもウエストやヒップサイズが動きました
わぁブカブカ
やがて3ヶ月後3kg減さらにマイナスで8kg減
また、昼過ぎても元気で動けるし夜勤もOK不規則な生活でも夜は爆睡できるようになりました！
看護師こそ糖質制限です！
実は、海外からの旅行者に宿泊を提供し合うカウチサーフィンをやっています
外国のみんなは私とだんなが同じ年代だと思うようですが…実際はだんなは16歳年下です！
糖質制限でますます若返って…
いつまでも2人で世界中を旅行したいです！

子ども版・炭水化物が人類を滅ぼす①

子どもたちの未来が危ない!
そこで夏井先生が考えた名案とは→ 145ページへ続く

第6章 オーダーメイドの糖質制限

おちゃずけ
ダイエットメニュー
スーパー糖質制限
食べ過ぎたら
2日以内に調整
週1回の自転車
60km以上
週2回ジムで
ピラティス

オーダーメイドの糖質制限を見つけよう！

この指摘どおり
おちゃずけの
最大のネックは
食べる量を
減らせないこと…
"食べてもよい"と
言われれば
底なしに
食べてしまう
オロオロ
どーしよう
どーしよう
ダイエット本
出版するのに
「リバウンド
しました～」
じゃ話にならないよー
この頃知らず知らず
食べる量が増え…
その事に気がつかず
さらに悪あがきを
重ねていました…
おからを
利用した
低糖質
高たんぱく質
メニュー
ひじきや
海草だらけの
おかず
量を増やす
努力より
減らす努力したほうが
いいと思うけど…
それが
できれば
苦労はしません!
だめだ!
お腹が
はるけど
ぜんぜん
満腹には
ならない!!
おからの
煮物
食欲は
減らず
体重は
微増…
そんな時
第3章でも
描いたとおり
「糖質依存」について知り
さらに栄養学の先生から
脂肪の大切さを学ぶ
そうか…
糖質依存から
抜け出せなければ
いつまでたっても
食べ過ぎるのか…
さらに、
第3章で登場の
りかさんから
人間に
一番大切なのは
動物性の
たんぱく質や
脂質なの…
具体的には
肉・卵・チーズで
MECね
これらの栄養が
足りないから
体はそれを求めて
過食してしまうのよ
MECの
理論を聞く

「肉・卵・チーズ」を主に食べるMECには抵抗が大きかったのですが…
長く続けたカロリー制限ではもっともタブーな食べ物ばかりだったので
ええい！とりあえずやってみる！
ダメならやめればいいだけじゃん！
MECに挑戦
実践して2週間…
おお……
確かに肌つやつや……
※当社比
痩せたらしわしわになってたのに…
さらにぺちゃんこになった胸もふくらみが戻り…
※当社比
逆にウエストサイズはダウン
※当社比
こ、これはすごいかも!!!
以来MEC食を食べまくる
こりない
わぁ
冷蔵庫は肉・卵・チーズの山
チーズ
いくら体にいいからって食べ過ぎたら太るって
キッ
※ナベちゃんはMECならいくら食べてもいいって言ってるもん！
ラードのチーズケーキ

※ナベちゃん＝渡辺信幸先生。MEC発案者。

…が
ガーーン
58.8kg
体重大増量
これじゃ糖質制限開始前以上…
なんでだぁ〜
……なんでなのか
わからんがが不思議じゃ
MECで体調は抜群だったのでやめたくなかった…
でもこの体重増は耐えられない……
そんな時江部先生のブログで
「糖質制限食で肥満の人は体重減少しますが、痩せ過ぎの人は体重が増加します。」
「既に適正体重であればそれ以上は痩せません。」
2014/5/7江部先生のブログ
確かに…私の身長ではこれが一応適正体重…
糖質制限で健康的に痩せるのはこれで正解か…
でも…
適正と、理想が違うのが女心
江部先生、ごめんなさい

こうなったら基本に戻って勉強し直しじゃ！
糖質制限関係の本を手当たり次第読む
“人のエネルギー源は脂質である”
“体が脂質をエネルギーに使う代謝に変わればお腹はすかない”
『「糖質ゼロ」の健康法』
釜池豊秋著（洋泉社）より
1日1食にすればお腹が空かない!?
…なるほど…
…そうか 私がすぐにお腹が空いてちょくちょく食べてしまうのは「空腹に慣れていない」からかもしれない…
昼食
おやつ
夕食
朝食
おやつ
おやつ
食べないダイエットで摂食障害を経験した私は「食べないこと」や「空腹感」に強い恐怖を感じていました
そう言えばうちのガリガリだんなは食べる時はめちゃくちゃ食べるけど…
今日また昼飯食うの忘れた〜
食べるの忘れるなんて信じられないよ…
うまいうまい
食べなくても平気な人
「糖質抜きならいくら食べても大丈夫」は肥満度の高い人や病気で体の修復の必要な人の場合で…
糖質制限ですでに健康を手に入れさらに健康（理想）体重＋αを求めるのなら…
そのための適した量や食べ方があるのかもしれない…

そこで食欲の調整力を手に入れるため1日1食の釜池式にも挑戦！
朝 自分はナシ 家族のごはんは用意
これが一番辛いと思ってたけど…結構平気だなぁ…
昼 ナシ
食べないと決めていればさほどお腹は空かない
ママあたちのごはんは？
食べない分仕事がはかどるっ！
昼過ぎ
さすがに少しお腹が空く 頭痛も出てきた
でも水を飲めば収まる
ちょっと休憩
夕方
なんか元気になってきた…♪
そして夕食
いっただきまーす！
…やってみればなんてことない
確かに空腹感はありましたが心配していた飢餓感はゼロ
今日は豪華だねぇ
おいしいおいしい
これは、すでに糖質制限やMECで脂肪をエネルギーに変える代謝が少しは身についていたからかもしれません

おかげで夏井先生や糖質制限の先輩方の
糖質制限するとお腹が空かなくなるよね
……
（そんなこと全然ないっス、先生）と思ってた
…このことが体感できるようになりました
今は、普通の糖質制限＋MEC時々1日1食を取り入れることで
ちょこちょこ食べもやめ食べる量や食べ過ぎたときのコントロールができるようになりました
今夜は結婚式に参加するから昼は抜いた～
そのドレスいいね～いつ買ったの？
糖質制限を始めてしばらくすると一時的に体重が増えることがあるかもしれません
それは体が健康になりしっかりと再生されてきた証拠かも…
でも、さらにそこから美容目的で減量を試みるなら
自分なりの工夫が必要かもしれません
みなさまも自分なりにいろいろ挑戦し、
自分だけのオーダーメイドの糖質制限を見つけて下さい！
現在体重は55kg台前後を維持してまーす

子ども版・炭水化物が人類を滅ぼす②

おわりに

いつになったら自分自身を諦《あきら》められるのか……
その時を、ずっと待っていました。
太っていることも、せっかちで、いい加減な性格も嫌いで
コンプレックスの塊で生きてきました。

人生、すでに2分の1世紀。
さすがに性格との折り合いはつきましたが、でも外見は……
いくつになっても諦められないのが、女心なんですね～。

そんな私が糖質制限に出会って
わずか1ヶ月足らずで、理想体重のみならず、夢にまでみた美容体重達成！
さらに、自分史上最高のくびれウエストを手に入れたのですから、
糖質制限はやっぱりすごい！！！　です。

……でも、糖質制限の本当のすばらしさに気がついたのは、
この本の取材を通してでした。

専門家の先生から聞く糖質制限についての奥の深い理論、はもちろん、
それ以上に
「糖質制限で結ばれた人のつながり」……に感動しました。

著名な先生方や、見ず知らずの体験者の方々が
「糖質制限を広めるためならば……」と
専門家としての深い知識や貴重な体験を惜しげもなく語って下さいました。

ネット社会の恩恵もあるとはいえ、
既存のダイエットと糖質制限の
最大の違いは、このネットワーク（つながり）に
あるのではないかと思います。

ダイエットは誰にも知られず、一人で黙々と耐えるもの……

そんな考えはもう古い！

老若男女、専門家もふつーの人も
自分の知識や体験を語り合いながら
励ましあって支えあって、楽しく挑戦していく
……それが糖質制限……新しいダイエットの形だと思います。

自分にはダイエットは無理！　と諦めているみなさん、
思うように体重が減らずに悩んでいるみなさん、
そして、何より……摂食障害で、誰にも言えず、一人で苦しんでいる方……。

どうか、自分に合う糖質制限のグループを探してみてください。

あなたと同じ経験をした方がたくさんいます。
心強いアドバイスを得ることもできます。
そうして、あなたが誰かに支えてもらい成功した体験は、
次は誰かの勇気になります。

今度こそ、一人じゃないから、大丈夫!

きっと糖質制限が人生最後の「最終ダイエット」になるでしょう!

最後になりましたが、取材に協力していただいた、先生方、体験者のみなさま、

そして、ナビゲーター役を務めて下さった棗《なつめ》さん、本当にありがとうございます。

さらに、この本を執筆するきっかけを作って下さった夏井睦先生、

また、ずっと私を励まし、盛り上げて下さった、担当編集の草薙麻友子さんに、

心より感謝申し上げます。

二〇一四年六月二二日

アラフィフ一歩手前の最高に幸せな誕生日に

おちゃずけ

※本の中で仮名で取材させていただいている体験者、専門家の方々は、すべて実在する方々で、実際に取材して構成させていただきました。お礼を申し上げます。

解説　夏井睦

私の『炭水化物が人類を滅ぼす』（光文社新書）では、糖質制限のトラブルについて書いていません。私自身が糖質制限で労せずに10キロ痩せてしまい、その後、リバウンドも体調不良もいっさい経験していないからです。

しかも、甘いものは元々嫌いだったので、甘いものを食べたいという欲求が起こることもないし、米や麺類に対する執着心もありません。私にとっては、「糖質制限は主食と甘いものを食べないだけだから、こんなに簡単なことはない」のです。

その点、この作品に登場する女性たちは、トラブル続き、苦労の連続です。

学生時代に過激ダイエットと過食に苦しんだり、糖質制限に出会って生まれて初めての美容体重になったかと思うと、リバウンドしてしまいます。どうしても甘いものが食べたくなってドーナツ店に駆け込みそうになったり、「主食だから食べないとい

さいごぐらいは
真面目に描きます。
ホントはとってもスレンダーで
紳士なドクターです。

けない」という周囲の人たちからのプレッシャーもあります。女性は大変なんですね。

しかし、そういう数多《あまた》のトラブルに対し、おちゃずけさんはさまざまな先生のもとを訪ねてその原因を学び、生理学や生化学の知識を深めていきます。そこで浮かび上がるのは、人間を心身ともに虜《とりこ》にする炭水化物（糖質）の恐ろしさです。

食欲に負けてぶくぶくに太ったのも、運動しているのに痩せないのも、本人の意志が弱いからではなく、知らず知らずのうちに糖質依存症になっていたからだったのです。人間は麻薬のようなものと知らずに、糖質を主食にしてきたのです。

本書はまさに「糖質制限を実践する際のトラブル・シューティング集」であり、これから糖質制限に挑戦しようと思っている人や、糖質制限をしているのになかなか思い通りの結果が得られなくて悩んでいる人（特に女性）には、すばらしく有用な道《みち》標《しるべ》になるはずです。

本書は「体重と体調不良に悩み、食に振り回されている女性」への救いの書になるでしょう。

おちゃずけ
大阪府出身。マンガ家。

少女マンガ家として活躍後、結婚・出産・育児を経て、心機一転、多くの人に親しまれるよう「おちゃずけ」と改名し再出発。

趣味は糖質制限とロードバイク、週1のピラティス。

近著は『理系パパのトホホな子育て』(KADOKAWA／中経出版)。

夏井睦《なついまこと》(監修)

1957年秋田県生まれ。東北大学医学部卒業。

練馬光が丘病院「傷の治療センター」長。

糖質制限について様々な見地から考察した著書『炭水化物が人類を滅ぼす』(光文社新書)がベストセラーに。傷の「湿潤療法」の創始者でもあり、『傷はぜったい消毒するな』(同)もロングセラーとなっている。

趣味はピアノ演奏。

マンガ『炭水化物《たんすいかぶつ》が人類《じんるい》を滅《ほろ》ぼす』
最終《さいしゅう》ダイエット「糖質制限《とうしつせいげん》」が女性《じょせい》を救《すく》う!

2014年8月10日　初版1刷発行

著者	おちゃずけ
監修者	夏井睦
発行者	駒井稔
本文デザイン・DTP	森田祥子(TYPEFACE)
印刷所	萩原印刷
製本所	ナショナル製本
発行所	株式会社　光文社
	〒112-8011 東京都文京区音羽1-16-6
	http://www.kobunsha.com/
電話	編集部　03(5395)8289
	書籍販売部　03(5395)8116
	業務部　03(5395)8125
メール	sinsyo@kobunsha.com

ISBN 978-4-334-97793-1